鄱阳湖区软弱土层格局及工程特性研究

POYANGHU QU RUANRUO TUCENG GEJU JI
GONGCHENG TEXING YANJIU

甘建军◎著

江西高校出版社
JIANGXI UNIVERSITIES AND COLLEGES PRESS

图书在版编目（ＣＩＰ）数据

鄱阳湖区软弱土层格局及工程特性研究/甘建军著
.--南昌:江西高校出版社,2023.12
ISBN 978 - 7 - 5762 - 4371 - 0

Ⅰ.①鄱… Ⅱ.①甘… Ⅲ.①鄱阳湖—软土—
沉积特征—研究 Ⅳ.①P642.13

中国国家版本馆 CIP 数据核字（2023）第 226643 号

出 版 发 行	江西高校出版社	
社 址	江西省南昌市洪都北大道 96 号	
总编室电话	（0791）88504319	
销 售 电 话	（0791）88522516	
网 址	www.juacp.com	
印 刷	江西新华印刷发展集团有限公司	
经 销	全国新华书店	
开 本	700mm×1000mm 1/16	
印 张	12.75	
字 数	211 千字	
版 次	2023 年 12 月第 1 版 2023 年 12 月第 1 次印刷	
书 号	ISBN 978 - 7 - 5762 - 4371 - 0	
定 价	68.00 元	

赣版权登字 -07 -2023 -832

鄱阳湖是中国第一大淡水湖,长江、赣江、抚河、信江、饶河、修河等河流通过长期、复杂的水流地质作用,给鄱阳湖带来结构成分多元的软弱土层。受地质沉积环境的影响,鄱阳湖流域的软土沉积相也呈多元异构特征,其强度和变形研究还不够系统,给鄱阳湖区的水利工程、交通工程、建筑工程等带来了困扰,增加了建设成本,影响了当地社会经济建设的顺利进行。

本书选取鄱阳湖区软弱土层的空间结构作为研究对象,通过鄱阳湖区的调查取样分析,开展基于地质环境的软弱土层地质成因、类型及分布特征研究,将鄱阳湖软弱土层分为4种,提出了鄱阳湖区软弱土层的形成原因、湖泊沉积的分类和分布特征;结合鄱阳湖水闸和赣江尾闾等工程,利用GDS试验设备,开展了不同工况的固结、直接和三轴剪切试验,分析软土的承载力、渗透特性及固结沉降特性;采用SEM扫描技术和PCAS软件分析了鄱阳湖区典型软弱土层的微观结构,建立了鄱阳湖区软弱土层与微观结构相关性研究的基本理论和方法;从矿物成分、颗粒微观结构、沉积环境等角度分析了软土固结变形、抗剪强度与时间的关系,提出强度固结沉降、强度劣化与时间的规律;利用降雨物理模拟试验,研究含软弱夹层的边坡物理量的变化,提出降雨作用含软弱夹层边坡的变形破坏演化规律;利用研究成果,从力学特性的角度出发,研究了鄱阳湖区典型软土堤坝裂缝的成因,开展了典型软基堤防的沉降分析和稳定性分析;通过 GMS 数据对冲积性软弱土层的渗透性进行了研究,构建了洪冲积相软基堤防的渗透性及水库浸没的研究方法及理论,并在典型工程中开展应用示范。

本书的特色是"面向鄱阳湖区重大工程,系统研究区内软土特性"。受复杂地质环境、极端洪枯条件的影响,鄱阳湖区沉积了多种成因的软弱土层,因其工程特性缺乏系统的研究,而常常出现堤基渗漏、管涌,边坡失稳、变形,堤防脱坡、溃决,堤坝开裂、变形等问题,这成为危害当地群众生命财产的巨大隐患。虽然国家对一些鄱阳湖堤防进行了除险加固或治理,但仍有诸多软基工程地质隐患未得到有效的治理。在已经治理的堤防当中,由于软弱土层的空间分布特征研究不足,工程力学特性不明,软基工程勘察、设计、施工不够准确,在极端洪枯条件下或人工切坡条件下存在一定的危险性,因此需要开展必要的鄱阳湖区软弱土层的分类研究,提高软基工程的安全性,节省工程经费开支,保障民生安全。

本书的价值主要体现在以下三个方面:一是为软基工程勘察、设计、施工及管理工作者提供参考资料;二是可供水利、交通、建筑等工程类院校的师生及科研单位的科研人员提供参考资料;三是为鄱阳湖区防汛抗旱和应急管理部门提供除险加固的科学指导。

本书的研究目标是建立鄱阳湖区软弱土层的空间结构特征,提高鄱阳湖区软基工程的建设和管理能力。研究获得了国家自然科学基金（42162025）、中国中铁股份有限公司科技研究开发计划重大专项（2021 年重大专项）"江河流域综合治理技术研究"、江西省"科技＋水利"联合计划项目（2022KSG01007）"极端暴雨条件下城市洪涝风险预警与防范技术研究"、江西省水利技术项目（KT201635）"鄱阳湖软弱土层格局及工程特性研究"、江西省水利厅科研项目"赣江尾闾综合整治工程蓄水区地下水环境影响预测研究"、江西省科技重点研发计划项目（20203BBGL73220）"鄱阳湖区中小河流域山洪地质灾害普适性监测预警技术研究与示范"的资助，项目研究成果形成了本书内容。

　　本项目在研究过程中，得到了南昌工程学院学科建设经费的资助，得到了中铁水利规划设计研究院、江西省交通设计研究院、江西省勘察设计研究院在资料和工程实践方面的大力支持，在此表示衷心的感谢。同时，由于本人的知识水平有限，本书仍然存在不足之处，敬请批评、指正。

作者

2023 年 9 月

目录
CONTENTS

第1章　绪论

1.1　研究背景

1.1.1　研究软弱土层的地质成因、类型及分布特征

鄱阳湖区软弱土层分布广泛,成因复杂(堆积冰川相、冲积相、湖冲积相),厚度不均(1.8 m~21 m),岩性多样(淤泥、软塑亚黏土、亚砂土、淤泥质黏土、细粉砂等)。软弱土层在形成过程中形成了起伏不平的结构面,软弱夹层、砂土透镜体等呈非连续性分布,给地勘分层和勘察设计带来困难,这是目前尚未解决的重点工程地质问题。因此,需要从沉积环境入手,研究区内软弱土层的地质成因、软土类型及分布特点。

1.1.2　研究软弱土层地基的力学、变形和渗透特性

鄱阳湖区软弱土层宏观力学和渗透特性具有空间分布差异性、时间变化转换性。鄱阳湖区软弱土层通常有 3 种状态:在非饱和情况下,往往形成硬塑和可塑状态;在深部封闭条件下,通常呈软塑或流塑状态;此外,还存在一种过渡状态。这些特点导致其物理力学、变形、渗透等工程性质较差,作为混凝土建筑物基础稳定性也较差。软弱土层性质非常特殊,同时又有明显的区域性,这种复杂多变的结构特征,使得软弱土层的沉降、变形及渗透特性在区域上不均匀,更是工程成败的关键,因此需要分析软土的承载力、渗透特性及固结沉降特性。

1.1.3　研究鄱阳湖区软弱土层的宏观特性指标及处理方法

由于软土的形成环境及工程特性各有不同,宏观特性指标各地不一,《软土地区岩土工程勘察规程》(JGJ 83—2011)难以适用所有的软弱土层。目前浙江、广东、广西、湖北、江苏等地出台了软土地基处理地方标准和规定。但江西省鄱阳湖区软弱土层的空间格局、工程特性与沿海、沿江和西南部分省份的软弱土层截然不同,因而难以借鉴上述地区的标准和规定。在区内工程实践过程

中,对软弱土层物质成分、结构及地质成因、分层特性认识不足,导致勘察深度不够,提供的物理力学指标不准,工程地质性质差异较大,一些上部构筑物如闸基/坝基出现失稳现象及坝体渗漏、坝体开裂甚至溃坝现象。因此,需要在统计分析区内物理力学指标的基础上,提出一套适用于该区的软弱土层特性指标,为基础处理设计提供科学建议。

1.2 研究意义

1.2.1 水工程安全建设的需要

1998年以来,鄱阳湖流域先后有8708座水库被列入病险水库除险加固规划,占水库总数的83%。其中,大型水库15座,中型水库208座,小(1)型水库1273座,小(2)型水库7212座,这些病险水库大多与软弱地基有关。截至2015年,鄱阳湖区建有水利工程160余万处。其中,堤防1.3万千米(千亩以上堤防816座),各类水库1.08万座,水电站3846座,城乡集中供水工程2.9万处。这些工程部分地点的软弱土层发育,给水工程建设带来了复杂的工程地质问题,如:(1)压缩变形及不均匀沉陷;(2)低透水性和低强度;(3)受震动荷载后的振动液化及剪切破坏;(4)土质均匀性差,应力分布不均造成应力集中,引起上部建筑物局部拉裂。

研究区第四系冲积相覆盖层分布广,岩性复杂,厚度变化大。软弱土层主要赋存于这些地层之中,对"长江经济带"和"鄱阳湖生态经济区"的工程建设带来了较大的影响。特别是鄱阳湖区水利枢纽闸址区湖床上部广泛分布的软弱土层,一般厚5 m~10 m,呈流塑至软塑状,为特殊性土层,属不良地基土,具有承载力差、抗剪强度低、高压缩性特征,是鄱阳湖水利枢纽工程建筑物地基处理的主要影响地层之一。因此,研究区内软弱土层的成因类型及工程特性,对于科学勘察、设计、施工、监测及规划区内水工程,优化水工程选址,科学处理软弱地基,加强水工程建设和防汛抗旱工作有十分重要的现实意义。

1.2.2 水资源高效利用和工程项目建设的需要

鄱阳湖区水系发达,河流众多。赣江、抚河、信江、饶河和修河五大河流纵贯全区,为省内的主要河流,五河来水汇入鄱阳湖后经湖口注入长江。境内水系主要属长江流域,占97.4%。其中:绝大部分属鄱阳湖水系(江西境内鄱阳湖

水系的集水面积为 15.67×10^4 km^2)；全省多年平均水资源总量为 1422×10^8 m^3。丰富的水资源,为江西省的国民经济和社会发展发挥了重要作用。但近年鄱阳湖连续出现秋季低枯水位现象,对水资源的综合利用造成影响。兴建鄱阳湖水利枢纽工程,有效调节枯水水位,是恢复和提高鄱阳湖水资源和水环境承载力,打破区域发展瓶颈的必然要求。

鄱阳湖水利枢纽可行性研究阶段的工程地质勘察工作,主要遵循《水利水电工程地质勘察规范》(GB 50487—2008)、《土工试验规程》(SL 237—1999)等相关技术标准,对枢纽工程闸址区的软弱土层进行了大量的室内物理力学性质试验,基本满足了相关规程规范的技术要求。2016 年 5 月,水利部水利水电规划设计总院对《江西省鄱阳湖水利枢纽可行性研究报告》进行审查,基本同意对选定的上闸址工程地质条件的评价意见。但有关专家特别指出需注意湖床上部广泛分布的软弱土层对围堰施工期和运行期稳定的不利影响,需要加强对其分布特征及工程特性的研究,并采取必要的工程处理措施。

根据有关专家意见,针对工程区淤泥质土层特殊的工程地质特性,经深入分析发现,软弱土层力学性质的改变对建筑物基坑施工开挖、围堰结构形式等具有重大影响。为了控制工程投资、优化设计参数、消除潜在危害,为鄱阳湖区水利工程建设服务,对软弱土层特性进行深入研究十分有必要。本研究有助于提高施工控制质量和设计精度,对优化设计具有十分重要的工程实际意义,对于区内工程项目建设如堤防、水闸、公路、铁路、南昌地铁等也具有一定的参考意义。

1.2.3　水生态环境保护的需要

近年来,鄱阳湖区水生态系统质量呈下降趋势,生物多样性难以保持。由于水位下降,湖区水环境问题日益突出,软弱土层露出水面,受干缩效应和日晒的影响,成了坚硬的黏土,导致航道堵塞,通航能力明显下降。同时,长江上游水库群汛后蓄水引起的河道下切降低了下游水位,减少了长江中下游径流,对鄱阳湖产生了"拉空"作用,使鄱阳湖区软弱土层的水环境和沉积环境发生了巨大的变化。因此,必须加强对软弱土层空间格局的研究,了解其分布规律,分析其对区内水环境的影响,采取应对措施。

鄱阳湖水利枢纽水闸是一项具有生态环境保护、灌溉、城乡供水、航运、血防等功能的综合利用大型水利工程。该工程前期勘察阶段已取得的大量软土室内物理力学性质试验结果表明:区内软弱土层经固结排水后,其力学指标显著提高,其他物理力学性质等亦有改善;但在饱水之后,力学性质又迅速变差,对工程建设极为不利。因此,加强软弱土层的研究,对于区内的水环境工程建设及保护具有现实意义。

1.2.4 软土处理技术规范建设的需要

鄱阳湖区具有地貌单元多样、地质条件复杂及地域差别大的特点,有必要研究突出地域特征的鄱阳湖区软弱土层工程特性,为江西省地方标准工程建设,岩土工程勘察、设计,水利工程软弱地基勘察、设计及施工,公路工程软弱地基勘察、设计及施工等方面提供科学的数据。

本课题可深入了解湖区软弱土层格局及工程特性,研究成果可作为江西省地方行业标准的依据,并可直接应用于鄱阳湖水闸闸基软土地基利用与处理,为工程软土处理设计提供科学依据;同时也为鄱阳湖区及江西五大河流下游河道水利工程建设、软弱地基的合理利用、地基的有效处理积累经验,更好地服务鄱阳湖区的水利工程建设。

1.3 研究现状

1.3.1 软弱土层的定义及分类研究现状

软土是黏土、粉土、淤泥质土、淤泥等多种土的总称。关于软土,国内外无统一的划分标准,不同行业或者不同规范给出的解释有所不同。国际上,日本采用标准贯入锤击数、无侧限抗压强度、荷兰式贯入指数 3 项指标来划分软土;德国采用"很容易搓捏的土"来划分软土。我国通常是对软土的物理性质及力学参数给出具体参考范围作为限定标准。其中,《工程地质手册》(第五版,2017)将软土定义为三高三低:高含水率、高灵敏度、高压缩性,低密度、低强度和低渗透性。《公路软土地基路堤设计与施工技术细则》(JTG/T D31 - 02—2013)第 3.1.5 条规定:对黏质土、有机质土可以通过天然含水率≥35%,天然孔隙比≥1.0,十字板剪切强度 <35 kPa 来鉴别软土;对粉质土可以通过天然含水率或≥30%,天然孔隙比≥0.9,十字板剪切强度 <35 kPa 的粉质土来鉴别软土;《岩土工程勘察规范》(GB 50021—2017)规定,天然孔隙比大于或等于 1.0,

且含水率大于液限的细粒土应判定为软土;此外,《水利水电工程地质勘察规范》(GB 50487—2008)、《软土地区岩土工程勘察规范》(JGJ 83—2011)、《公路土工试验规程》(JTGE 40—2007)等众多规范均对软土做出定义。内容略有差别,但大同小异,大多将天然孔隙比和天然含水量作为鉴别软土的特征指标。

我国软土分布十分广泛,主要分布在我国沿海以及内地河流两岸和湖泊地区,例如上海、浙江、天津、江苏、山东、湖北、广西及云南等地。经过多年的研究和积淀,我国将软土的成因类型分为沿海沉积型、内陆湖盆沉积型、河滩沉积型、沼泽沉积型及山间沟谷盆地型等。其中:沿海沉积型研究得较多,又细分为滨海相、潟湖相、溺谷相和三角洲相;而内陆湖盆沉积型软土研究得较少,没有进一步的统一分类,急需加强研究以适应社会经济发展的需要。

不同成因、不同物理组成的软土,表现出来的工程特性也不相同,选取的地基处理方案也不同,因此,对软土工程特性的认识尤为重要。许多学者在利用沉积环境和工程特性进行湖泊相软土分类研究方面,进行了诸多尝试,并取得了一些进展。如:Troels-Smith(1955)提出以硅质、钙质、有机质等含量多少对湖泊相软土进行分类,该分类主要被欧洲的生态地质学家应用,很少用于工程实践;尹明泉等(1993)对鲁北平原黄河三角洲的 231 个软土样进行分析,将其分为陆相、浅海相及过渡相 3 种成因类型;符必昌等(2000)根据地质环境因素和物理力学指标,将昆明地区的浅层软土分为湖相、沼泽相、河滩相等 3 种大类和 5 种亚类;Douglas Schnurrenberger 等(2003)基于全球湖泊钻探计划(GLAD)提出了颜色＋基岩构造＋主要物质成分＋主体＋次要成分的湖泊相分类方法;阎长虹(2015)等以连云港、南京、吴江、盱眙等为例将江苏软土分为滨海相、河漫滩相、湖沼相、有间洼地相等 4 大类型。但这些分类方法或专注于宏观,或专注于科研。兼顾软土工程特性、有利于工程实践的湖泊相软土分类还需要进一步研究。

1.3.2　软弱土层工程特性研究现状

软土是近代沉积的一种特殊土体,其物理特性是天然含水量高、孔隙比大、渗透性差、压缩性大、抗剪强度低、固结时间长,因此软土的工程性质差、灵敏度高、扰动性大,且流变性显著。国内外对软弱土层工程特性的研究主要集中在土的渗透性、固结特性和流变特性方面,多采用室内试验、原位测试、监测、理论分析和数值分析等方法开展研究,这是土力学、工程地质学和岩土工程学的重要内容之一。

最早研究软土的是太沙基(K. Terzaghi)。他于1925年出版了著名的《土力学》,提出的许多经典土力学理论一直沿用至今。由于土的种类过于繁多,其工程性质又随着赋存地点和赋存环境发生很大的变化,许多学者和工程建设者非常重视利用理论和实验相结合的方法来研究土的工程特性。如:陈晓平等建立了非线性弹黏性固结模型,认为软土在任一时刻的变形都可以分解为瞬时变形和蠕变变形。其中:瞬时变形也呈现比较明显的非线性特征。应力水平低时以固结变形为主;反之,土体的变形主要来源于剪切蠕变。殷宗泽等通过对沿海软土的 e-lg Pa 曲线建立了时间与荷载的关系,使次压缩不仅仅与时间有关,而且与荷载有关。叶为民等通过土水特征曲线预测了上海非饱和软土的渗透系数,认为上海非饱和软土的渗透系数随吸力(含水率)呈现非线性变化,吸力增加(含水率降低),渗透性快速降低。

总结若干国家和地区的软土资料可得出其物理力学参数的范围值,见表1.1。

表1.1　国外若干地区的软土物理力学指标

土性(地区)	天然含水量/%	密度/g·cm⁻³	孔隙比	液限/%	塑限/%	压缩指数	不排水强度/kPa
软黏土(芝加哥)	26	—	0.67	32	18	0.2	20
黏土(奥斯陆)	40	—	1.08	28	20	—	8
软黏土(圣保罗)	—	—	1.17	92	60	0.42	—
软黏土(墨西哥)	500~300	—	—	—	—	—	10~160
软黏土(曼谷)	140	—	—	150	65	—	—
海相黏土(新加坡)	50~83	1.3~1.9	—	50~90	18~22	—	14~72
海相黏土(印尼)	68.8	1.12	2.65	28.8	25.3	2.8	—
Leda黏土(渥太华)	28~50	1.7~2.0	—	20~45	18~24	—	38~96
金河泥炭(斯里兰卡)	64~624	1.6~2.0	1.72~10.9	27.9~126	10.7~54.2	0.39~4.59	14~16

我国软土理论近40年来快速发展,研究人员对软土的基本工程性质进行了大量的试验与积累,对我国软土的分布及物理力学性质有了基本了解。特别

是对长江三角洲、珠江三角洲、黄河三角洲及渤海湾等区域的海相软土,云南、广西、贵州等西南省份的内陆相软土进行了大量的研究,其物理力学指标各有不同(表1.2)。

表 1.2　我国各地代表性软土的物理力学指标统计表

地区	指标	埋深 /m	天然含水量/%	密度 /g·cm⁻³	孔隙比	液限 /%	塑限 /%	渗透系数 /cm·s⁻¹	压缩系数 /MPa⁻¹	无侧限抗压强度/kPa
上海	第一层	6~17	50	1.72	1.37	43	23	6×10^{-7}	1.24	—
	第二层	>20	37	1.79	1.05	34	21	2×10^{-6}	0.72	20~40
杭州	第一层	3~9	48	1.73	1.34	41	22		1.1	
	第二层	9~36	35	1.84	1.02	33	18		1.0	
南京		0~33	38.3	1.80	1.07	21.4	15.4	2.07×10^{-6}	0.91	46.7
武汉			53.6	1.72	1.39	49.7	28.1		0.36	18.35
珠海		0~15	61.58	1.53	2.32		—	2.78×10^{-7}	0.26	13.60
广州		0.5~10	73	1.6	1.82	46	27	3×10^{-6}	1.18	
深圳		0~20	73.2	1.58	2.07	56.8	33.6	3×10^{-7}	1.74	10
天津		0~12	63.4	1.59	1.80	43.6		8.12×10^{-7}	0.79	
宁波	第一层	2~14	45	1.75	1.32	37	19	7×10^{-6}	1.1	1.3~1.7
	第二层	17~32	36	1.80	1.03	34	20	3×10^{-7}	0.63	2.3~3.2
温州		1~35	63	1.62	1.79	53	23		1.93	
福州		1~35	42	1.71	1.17	41	20	5×10^{-7}	0.70	5~18
昆明	淤泥	—	41~270	1.2~1.8	1.0~5.8	—	—	1×10^{-4}	1.2~4.2	2~35
	泥炭		68~299	1.1~1.5	1.9~7.0			1×10^{-8}		
贵州	淤泥	<20	54~127	1.3~1.7	1.7~2.8			1×10^{-4}	1.2~4.2	1~18
	泥炭		140~264	1.2~1.5	1.6~5.9			1×10^{-8}	1.7~7.3	
北京翠湖		0~6	46.6	1.60	1.35	37.7	21.0		0.57	0.20
济宁南四湖		5~30	26.6	1.90	0.79				0.33	—

湖泊沉积软土主要分布在我国内陆两湖地区及长江流域,其中洞庭湖及鄱阳湖区的湖泊沉积较为典型。从目前湖南、湖北、江西、安徽、江苏、浙江、云南、山东等地对湖泊沉积土的研究来看,湖泊沉积典型的软土主要有 4 类:淤泥、淤泥质黏土、淤泥质粉质黏土和淤泥混砂。表 1.3 为这些软土的工程性质变化范围。

表1.3　我国内陆湖泊沉积的4种典型软土的主要物理力学性质

软土类型	天然含水量/%	密度/g·cm^{-3}	孔隙比	液限/%	塑限/%	塑性指数	压缩系数/MPa^{-1}	不排水强度/kPa	渗透系数/cm·s^{-1}	颗粒组成/%		
										砂粒	粉粒	黏粒
淤泥	41 ~ 270	1.3 ~ 1.7	>1.5	50 ~ 55	25 ~ 30	25 ~ 30	1.2 ~ 4.2	1 ~ 35	1×10^{-8}	10	40	50
淤泥质黏土	45 ~ 74	1.54 ~ 1.75	1.0 ~ 1.5	40 ~ 55	20 ~ 25	16 ~ 34	0.57 ~ 2.39	10 ~ 30	1×10^{-7}	5	55	40
淤泥粉质黏土	35 ~ 40	1.8 ~ 1.85	1.05	34	20	14	0.7	—	1×10^{-6}	5	60	35
淤泥混砂	35 ~ 40	1.80 ~ 1.85	1.0 ~ 1.05	34	20	14	—	—	—	50	15	35

由表1.3可见,内陆湖泊沉积软土的主要物理力学性质可以总结如下:

(1)天然含水量高。湖相软土含水量一般在35%和90%之间,但淤泥的含水量有的超过100%,云南大丽路湖相沉积软土的含水量可达272%。这说明这些软土的孔隙中基本充满了水,土体处于流动或流塑状态。

(2)孔隙比大,压缩性高。湖相软土的孔隙比在1.0和2.8之间,部分软土的孔隙比达到了5.8(大丽路湖相软土),对应的压缩系数在0.57 MPa^{-1}和4.2 MPa^{-1}之间。这类软土属于高压缩性土,在受荷条件下会产生很大的沉降。

(3)渗透性小。软土的渗透系数在10^{-6} cm/s和10^{-8} cm/s之间。颗粒成分主要以黏粒、粉粒为主。矿物成分以亲水的活动性矿物为主,渗透性很小。所以,此类土层在荷载作用下固结沉降过程非常缓慢。

为了系统阐述软土的工程特性,学者和专家从不同的角度对软土进行了深入的研究。有的学者(高国瑞、Osipov、Shogaki、Matsui、蒋明镜、雷华阳、丁智、张婷婷等)从软土的物质组成及微观结构出发,研究软土颗粒的结构性特征与土的工程特性的关系;有的学者(沈珠江、周小文、刘爱民、尹长权、郭小青等)从土的室内试验入手,建立结构性模型,开展各类抗剪强度试验,研究软土的不排水抗剪强度等物理力学指标。随着"一带一路"和长江经济带建设的加速推进,软土工程特性的研究区域越来越广泛,除了沿海沿江区域,还向南海、东南亚甚至非洲发展;研究内容也越来越广泛,包括软土的颗粒级配、矿物成分、微观结构、物理力学性质、应力历史、蠕变特性、渗透特性等诸多方面,取得了不少有价值的研究成果。

1.3.3　软弱土层地基处理技术研究现状

工程上将不能满足建(构)筑物对地基要求的天然地基称为软弱地基或不良地基,软土地基即属于此类。软土工程在我国已有相当长的历史,目前国际上已有软土工程技术,此技术在我国也得到了应用和发展。软土地基常用的处理方法见表1.4。

表 1.4　处理软土地基的一般方法

地基种类	置换法	排水固结法	加筋法	灌浆法	复合地基法				
					砂桩、石灰桩	碎石桩	CFG桩	深层搅拌桩	干振复合桩
表层软弱地基					√				
浅层软弱夹层地基		√	√			√	√	√	√
深层软弱地基	√	√	√					√	√
小型构筑物地基	√						√	√	√

对于水利工程而言,还要考虑水的影响,结合水文地质条件对软弱土层地基处理进行技术、经济以及施工进度等方面的比较,选出最佳处理方案。在上述内陆河湖相软土地基的处理方法中,由于存在薄壳层地基、厚硬壳层地基、夹层型地基、交错层理型地基等多种地质结构形式,因此应因地制宜,分别采取堆载预压法、切断硬壳层法、粒料桩法等方法进行处理。

1.3.4　发展趋势及存在的问题

目前,软土工程特性研究在国内外发展较快。尽管地质成因、结构特性、物理力学性质及软土地基处理方法等方面取得了较大的进展,但是针对鄱阳湖区软土的研究还很欠缺,软土工程特性的系统研究还停留在研究层面,并未实际应用于勘察、设计和监测项目。综合起来,主要在以下方面存在一定的问题:

(1)对分布特征认识不清。软土的沉积环境各地不一,流域水文历史、地形地貌、气象及母岩环境也不一样,造成软土的埋深、厚度及延伸宽度的空间展布特征不一。特别是湖泊沉积软土,其沉积环境受到水道演化、水位升降、人类工程活动、上游冲积物来源变化等多种因素的影响,导致其平面和空间分布特征在每一个勘探点均不一样,现阶段主要采用常规的钻探方法来查明其分布特征。当地质勘探深度或布点密度不够时,就很难查清楚软土土层的分布、厚度以及一些暗沟的具体情况,会造成建筑产生严重的不均匀沉降,结构构件开裂,甚至发生倒塌现象,因此需要对软土工程地基进行特殊的处理(图1.1)。

图1.1　鄱阳湖角丰圩提灌站泵房竖井钢筋绑扎

(2)对工程特性认识不足。主要表现为:规划和勘察设计阶段完成后,未充分考虑到软土承载能力差、变形大、稳定性差的特点;前期的勘察深度不够,或勘察密度欠缺,致使对软土的地质结构特征和分布特征认识不清;软土的物理力学参数提取不准确,尤其是不排水抗剪强度、固结系数、内摩擦角、黏聚力、无限抗压强度等力学参数提取不准确,甚至相差极大;工程地质问题未得到及时解决;直接利用滨海相软土的工程特性去做湖泊相软土的软基处理设计,忽视地质沉积环境、颗粒结构的差异性,导致采取的软基处理措施承载力不足,一旦遇到降雨、洪水、动荷载等极端工况,上部构筑物会出现裂缝、不均匀沉降、损毁等(图1.2)。

(3)湖相软土标准规范欠缺。软土种类众多,涉及的强度、变形和渗透参数大小不一,有的相关性极大。现阶段主要依据岩土工程勘察规范、地基处理设计规范和工程地质手册对软土进行分类,并且给出了一些量化的标准。关于湖泊沉积软土的研究相对较少,尤其是关于鄱阳湖软土的物理力学参数、抗剪强度及渗透参数等的研究还在探索中。另外,由于鄱阳湖区软土参数的选用标准,

图 1.2 2017 年 7 月 12 日鄱阳县西河西联圩青林段滑坡塌方现场

水利、交通、国土、建设等各专业无法实现无缝对接,无法相互转化、共享数据,各行业工程项目勘察设计各自为战,没有真正意义上的统一标准和规范。

1.4 研究成果、作用及创新点

1.4.1 研究成果

本书主要内容包括以下几个方面:

(1)鄱阳湖区软弱土层的矿物成分和微观结构特征;

(2)鄱阳湖区软弱土层的成因类型;

(3)鄱阳湖区软弱土层的空间分布规律及空间变异性;

(4)鄱阳湖区软弱土层的物理力学指标;

(5)鄱阳湖区软弱土层的固结特性及变化规律;

(6)鄱阳湖区软弱土层的饱和直剪抗剪强度特性;

(7)鄱阳湖区软弱土层的不排水抗剪强度研究;

(8)降雨型软弱夹层边坡物理模型试验及其结果分析;

(9)软弱土层堤防边坡稳定性数值模拟;

（10）鄱阳湖区软基工程地基处理措施。

1.4.2　研究作用

本研究深入了解湖区软弱土层格局及工程特性,研究成果将直接应用于鄱阳湖水闸闸基软土地基利用与处理,为工程软土处理设计提供科学依据;同时也将为鄱阳湖区及江西五大河流下游河道的水利工程建设、软弱地基的合理利用、地基的有效处理积累经验,更好地服务鄱阳湖区的软土工程建设。

1.4.3　主要创新点

（1）从矿物成分、颗粒微观结构、沉积环境等角度研究鄱阳湖区软弱土层的形成原因,提出区内湖泊沉积的分类和分布情况。

（2）利用 GDS 高级试验系统开展软弱土层室内试验,分析区内软土固结变形、抗剪强度与时间的关系,提出强度与固结沉降、强度劣化与时间的规律。

（3）利用广义耦合马尔可夫链模型对软土的空间变异性进行研究,采用信息熵方法对地层不确定性进行量化分析,提出了以钻孔数据为条件信息的广义耦合马尔可夫链蒙特卡洛模拟的具体步骤,为研究软土的空间变异性提供新思路。

（4）利用降雨物理模拟试验,研究含软弱夹层的边坡物理量的变化,提出降雨作用下含软弱夹层边坡的变形破坏演化规律。

（5）构建了鄱阳湖区赣江尾闾冲积土软土工程的地下水数值模型,利用 GMS 软件对不同结构、不同水位的地下水浸没范围进行了研究,提出了洪冲积相软基堤防的渗透性及水库浸没的研究方法及理论,并在典型工程中开展应用示范。

第 2 章　研究过程及研究内容

2.1　组织实施方式

在鄱阳湖区开展多专业软弱土层格局和工程特性研究,需要大量的勘察数据和实地调查研究,还需要借助先进的仪器进行大量的室内试验和成果分析,各调查数据、矿物成分、微观结构、物理力学指标及成果要与相关软弱土层进行对比分析,比较所有工程特性的异同点。经过资料分析和现场调查,本软土研究项目在对环鄱阳湖区 60 份圩堤、采沙、堤防勘察资料进行分析后,选取具有代表意义的鄱阳湖区北、东、西和赣江三角洲四个点进行原位取样,并利用理学 DMAX-3C(CuKa,Ni 滤光)、高倍光学显微镜、环境扫描电镜(ESEM)、GDSBPS 饱和土反压直剪系统、全自动 STDTAS – HKUST 非饱和土三轴试验仪、GDSCTS 高级固结仪等试验设备开展协同试验。其优势是能够系统研究鄱阳湖区软弱土层的格局和工程特性,研究理论和方法也比较成熟。因此,它能够保障本研究项目的实施。

江西省水利规划设计研究院成立了该试点项目课题组,具体开展与研究该项目,南昌工程学院提供相关的试验支持和科研支持。具体分工如下:

一、江西省水利规划设计研究院

(1)负责项目的组织准备,包括人员、设备、场地、方案等;

(2)负责搭建总体实验方案,划分不同专业人员的分工和具体职责,在南昌工程学院技术团队支持下对鄱阳湖区软弱土层的格局及工程特性研究项目进行整体布置;

(3)各分工负责人员根据任务划分按步骤进行资料分析、选点、取样、野外勘察,建立区内软弱土层数据库;

(4)根据试验数据,对区内软弱土层进行分类,开展空间格局分布研究,提炼和总结其物理力学指标及重要参数,完成软弱土层格局及工程特性报告的组织撰写与审查工作;

(5)对课题研究开展过程中遇到的问题进行补充和总结,初步形成鄱阳湖区软弱土层格局及工程特性研究报告。

二、南昌工程学院

（1）开展软弱土层矿物成分分析、微观结构分析；

（2）协助课题组开展基于 GDS 试验系统的软弱土层取样、固结试验、直剪试验及三轴试验，分析、提交试验成果；

（3）开展基于钻孔信息和广义耦合马尔可夫链的地层变异性量化分析；

（4）开展降雨型软弱土层双向渗透滑坡物理模型试验并进行数据分析；

（5）进行软基堤防稳定性数值分析；

（6）在课题研究开展过程中提供必要的技术支持。

2.2　研究内容

根据项目合同要求，本课题的研究内容主要包括以下几方面：

（1）鄱阳湖区软土的物质组成、成因类型及空间分布规律：选择鄱阳湖水利枢纽闸基的典型软弱土层，开展物质成分、颗粒级配、地质成因研究，利用物探、钻探、十字板原位试验分析土层分类成因，开展基于广义耦合马尔可夫链的地层变异性量化研究。

（2）鄱阳湖区软土层的基本物理力学性质研究：利用常规物理力学试验、三轴剪切试验、固结试验系统、非饱和土反压剪切仪研究软土层的基本物理力学性质。

（3）固结排水状态下软土的物理力学性质随时间和压力等的变化规律研究：利用理论计算、数值分析、室内试验、现场试验、观测监测等方法，研究软弱地基土成层特征条件下、天然状态下与固结排水状态下多层地基、软弱夹层边坡的稳定性。

（4）不同工况下软弱土层地基、软弱土层斜坡的力学效应研究：选取典型的软弱土基（分饱和、非饱和两种）和垫层竣工、结构竣工、泄水期 3 种状态进行FLAC2D 有限元数值模拟，分析软弱土层应力—形变场的变化规律，为正确处理软弱土层变形、沉降问题提供依据。

（5）软弱土工程特性的应用研究：结合鄱阳湖水利枢纽工程建设和环鄱阳湖堤防建设，研究软弱土层岩土工程特性的工程应用适用性与合理性，提出软弱土层地下水处理方法、施工方法和地基处理方法。

2.3　实施步骤及技术路线

该项目由江西省水利规划设计研究院承担。为确保本项目研究工作的顺利进行,更好地管理和控制项目,该项目按以下几个阶段实施:

第一阶段——计划和准备阶段

(1)根据课题确定的目标范围,以及项目资料、各专业成员名单等对项目进行初步的评估和计划,明确项目要完成的内容,初步确定大致的进度计划和实施步骤。

(2)进行项目开展前的组织准备,包括资料准备、人员配置、取样及试验设备支持、试验方案的讨论等。

第二阶段　资料分析及现场调查取样阶段

(1)开展鄱阳湖区圩堤勘察、采砂勘察、桥梁勘察等勘察资料的分析,提炼软弱土层的工程特性。课题组成员开会讨论,确定软弱土层取样地点、取样方法。课题组成员进行分工,负责收集资料并进行分析。

(2)根据会议确定的取样地点和取样时间,采取钻探、坑探、槽探等方法开展原位取样,重点围绕湖泊沉积的不同沉积环境和地质结构开展取样。

第三阶段——室内试验和数值分析阶段

(1)为确保项目研究的有序规范开展,在实验开始前课题组成员必须按照制订的试验方案,掌握试验目的和试验方法,分工负责各类室内试验。

(2)项目组根据软弱土层赋存的地质环境和试验参数,结合区内的实际项目工程,建立各自的数值模型,开展数值分析。

第四阶段——理论分析与成果分析阶段

本阶段主要完成矿物成分、微观结构、颗粒结构、物理力学指标的总结分析,利用统计学方法和广义耦合马尔可夫链蒙特卡洛模拟法,对物理量进行统计,并据此对软弱土层进行分类;开展软土空间变异性量化分析;提炼各类型软弱土层的典型物理力学指标等。由课题组进行具体的固结特性、抗剪强度、渗透变形特性等方面的分析。

第五阶段——项目总结阶段

本阶段主要检查项目是否已完成预定内容、达到预定目标,对重要的问题及时进行修正、补充和总结。并结合鄱阳湖流域的软土工程实际情况,对今后的区内软基工程的科学处理提出建议和对策。

具体的技术路线为：

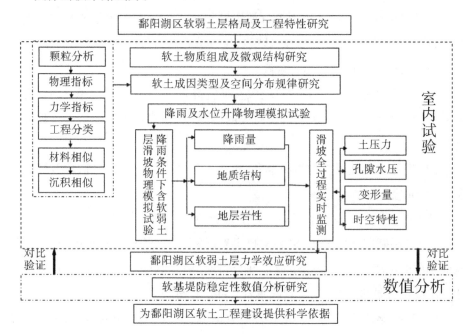

图2.1　技术路线图

第3章 鄱阳湖区软弱土层的工程特性

3.1 研究目标及范围

借鉴其他省的软土格局与工程特征研究项目实施案例,确定本课题的总体目标:通过对鄱阳湖区软弱土层的资料分析和勘查取样,完成研究区软弱土层的成因类型及空间分布特征分析,提出鄱阳湖区软弱土层的物理力学指标及工程特性,内容包括软弱土层的分类研究、空间变异性、基本物理力学性质研究、固结变形、不同应力条件下的力学及变形规律等,提出满足勘察设计要求的力学指标。

基于此,该软弱土层工程特性课题目标包括:

(1)鄱阳湖区软土的物质组成、成因类型及空间分布规律;

(2)鄱阳湖区软弱土层的基本物理力学性质研究;

(3)不排水状态下软土的物理力学性质随时间和压力的变化规律研究;

(4)不同工况下软弱土层地基、软弱土层斜坡的力学效应研究;

(5)软弱土层工程特性的应用研究。

本课题涉及的专业主要有地质、岩土、水工、水文水资源、化学分析、信息工程等,完成的项目范围和内容包括:

Ⅰ.地质及岩土专业

①开展矿物成分、颗粒级配分析,研究软土的地质成因;

②开展物探、钻探、十字板原位试验,基于钻孔数据信息和广义耦合马尔可夫链蒙特卡洛模拟对软土的空间变异性进行量化研究;

③生成软弱土层分布总平面图、典型剖面图;

④开展常规物理力学试验、三轴剪切试验、固结试验。

Ⅱ.水工及水文水资源专业

①分析鄱阳湖区水工建筑的工程问题;

②开展水文数据对软弱土层工程特性的影响分析;

Ⅲ.化学分析专业

①完成颗粒成分的 SEM 环境扫描；

②开展 4 种成因的软土化学成分分析；

Ⅳ. 信息工程专业

①完成软弱土层堤防数值分析；

②完成含软弱夹层的堤防边坡稳定性数值分析；

③实现饱水条件下软弱土层固结变形和强度劣化预测研究；

④完成不同工况下软弱土层地基强度、变形及渗透特性研究。

表 3.1　课题完成的主要工作量

	项目	单位	设计工作量	完成工作量	完成比/%
地质调查	1∶2000 平面调绘	km^2	16.22×10^4	16.65×10^4	102.65
	1∶500 平面调绘	km^2	3.35	3.71	110.75
	纵剖面测绘	km/条	40.12/1	41.2/1	102.69
	横剖面测绘	km/条	25.60/9	26.82/9	104.77
勘探	钻探	m/孔	1180/59	1230/59	104.24
	钻孔、封孔、标识	m/孔	1180/59	1230/59	104.24
	取原状样	组	158	172	108.86
	取扰动样	组	108	118	109.26
原位测试	标准贯入	次	64	70	109.38
	现场高密度物探	条	3	3	100
	十字板剪切试验	组	45	48	106.67
室内试验	土工常规	组	60	68	113.33
	颗粒分析	组	60	66	110
	室内渗透	组	48	48	100
	GDS 三轴试验	组	30	45	150
	GDS 直剪试验	组	30	45	150
	GDS 压缩试验	组	30	45	150
	矿物成分分析	组	30	43	143.33
数值分析	空间变异性数值分析	条	2	2	100
	软弱土层数值分析	组	3	3	100
	软基堤坝稳定数值分析	组	3	3	100

3.2 鄱阳湖区软土的物质组成、成因类型及空间分布规律研究

3.2.1 资料收集分析及选点情况

收集和分析资料是科学研究的常用方法之一。要真正把鄱阳湖区软弱土层的格局及工程特性研究搞好需要有两个最基本的条件：一是要有非常丰富的基础资料，包括研究区水利、交通、电力等基础设施的勘察资料；二是要有区域覆盖面足够广的专业地质背景资料分析。其中，选取代表性软弱土层进行分析是最基础、也是最关键的一步。软土的成因分类正确、合理，与本单位的行业属性和特点相一致，是研究软土工程特性的关键。为此，我们收集了区内 42 份堤防勘察报告、6 份采砂勘察评价报告、3 份公路和铁路大桥勘察报告、9 份鄱阳湖区含软弱土层的岩土工程勘察报告，对软弱土层的分类进行了详细的统计分析。

收集资料时，不仅要注重某个或者某几个行业的工程地质资料的收集和分析，还要注重地质背景资料的收集和分析。我们收集了江西省区域地质志、江西省水文地质图、江西省地质构造图、江西省历史气象资料等，注重整体地层的基本成因分析和总体分布特性解译，将某个局部的单点软弱分布和单孔软弱分布放在总体分布特征和区域分布特征部分，这将有利于软弱土层数据的查询，有利于各单位、各行业推进鄱阳湖区软土工程的协同勘察设计。

表 3.2 鄱阳湖区代表性软弱土层部分资料统计表

序号	报告名称	所属行业	地点位置	勘察时间
1	鄱阳湖水利枢纽可行性勘察报告	水利	鄱阳湖北	2016
2	鄱阳湖水利枢纽闸址补充勘察报告	水利	鄱阳湖北	2018
3	廿四联圩除险加固工程地质勘察报告	水利	鄱阳湖西南岸	2010
4	赣西联圩除险加固工程地质勘察报告	水利	鄱阳湖西南岸	2009
5	红旗联圩除险加固工程地质勘察报告	水利	鄱阳湖西南岸	2010
6	九合联圩除险加固工程地质勘察报告	水利	鄱阳湖西南岸	2010
7	南湖联圩除险加固工程地质勘察报告	水利	鄱阳湖西南岸	2010
8	三角联圩除险加固工程地质勘察报告	水利	鄱阳湖西南岸	2003
9	信瑞联圩除险加固工程地质勘察报告	水利	鄱阳湖东南岸	2010

续表3.2

序号	报告名称	所属行业	地点位置	勘察时间
10	信西联圩除险加固工程地质勘察报告	水利	鄱阳湖东南岸	2009
11	饶河联圩除险加固工程地质勘察报告	水利	鄱阳湖东岸	2009
12	西河西联圩除险加固工程地质勘察报告	水利	鄱阳湖东岸	2017
13	长乐联圩除险加固工程地质勘察报告	水利	鄱阳湖南岸	2009
14	珠湖联圩除险加固工程地质勘察报告	水利	鄱阳湖东岸	2009
15	九江市鄱阳湖采砂规划勘察报告	水利	鄱阳湖北岸	2013
16	江西1:5万九江幅、湖口县幅、太平关幅、复兴幅环境地质调查报告	地质	鄱阳湖北区	2014
17	江西省九江市长江济益公堤裂缝勘察报告	水利	鄱阳湖北岸	2014
18	鄱阳湖口大桥工程地质勘察报告	交通	鄱阳湖北岸	2010
19	鄱阳湖湖口铁路大桥工程地质勘察报告	铁路	鄱阳湖北岸	2009
20	鄱阳湖老爷庙特大桥工程地质勘察报告	交通	鄱阳湖中部	2014
21	军山湖昌景黄特大桥工程地质勘察报告	铁路	鄱阳湖东南	2017
22	枫富联圩工程地质勘察报告	水利	鄱阳湖东南	2006
23	济益公堤工程地质勘察报告	水利	鄱阳湖北岸	1998
24	双钟圩0+280~0+560 m段塌滑事故勘察报告	水利	鄱阳湖北岸	2000

根据课题任务要求,结合鄱阳湖软土工程现有技术知识水平构成,在课题正式开展前,多次召开课题小组会,对涉及的资料收集及内容分析进行统一培训,并在课题开展过程中逐渐熟练,全面熟悉和掌握研究内容。根据专业分工和自身工作实际,对资料收集任务进行分工部署,将资料收集任务落实到人。

3.2.2 矿物成分分析

软弱土层作为构筑物地基,其工程特性与矿物成分密切相关。由于软土颗粒具有非常复杂的胶体粒团特性,其性质取决于黏粒中含有的高岭石、伊利石和蒙脱石的多少,不同的黏性土对水、湿度和气候有不同程度的物理化学反应。高岭石水稳性、力学性质好;蒙脱石水稳性最差,力学性质也最差;伊利石介于两者之间。因此,若软土中含有较多的蒙脱石和伊利石,则软土地基工程性质极差,容易发生各种病害;反之,若软土中含有较多的高岭石成分,则工程性质相对较好。因此。为了解鄱阳湖区软弱土层的工程特性,选取鄱阳湖区典型软土开展矿物成分分析。具体选样地点、类型及深度见表 3.3 和图 3.1。

表 3.3　鄱阳湖区软弱土层矿物成分分析统计表

序号	取样地点	软土类型	取样深度/m	试验数量
1	鄱阳湖水利枢纽闸址(鄱阳湖北)	河湖相	0 ~ 25	25
2	吴城赣江入湖口(鄱阳湖西)	湖相	5.4 ~ 21	6
3	南矶乡(鄱阳湖南)	三角洲相	0.6 ~ 19.8	6
4	康山大堤(鄱阳湖东)	沼泽相	0.9 ~ 9.3	6

取样采用钻探、坑探、槽探的方法,在现场取约 1 kg 的原样土,密封后分别送到成都理工大学地质灾害防治与地质环境保护国家重点实验室和江西省地质调查研究院进行矿物成分分析,主要分析伊利石、高岭石、蒙脱石、绿泥石等矿物成分的含量。主要采用的仪器设备有环境扫描电镜—能谱分析、X 射线衍射仪和高倍显微镜。

(a)鄱阳湖水利枢纽闸址软土取样　　　　(b)吴城赣江入湖口软土取样
　　(2017 年 10 月)　　　　　　　　　　　　(2017 年 12 月)

（c）南矶乡三角洲软土取样　　　　　（d）余干县康山大堤沼泽相软土取样
（2018年2月）　　　　　　　　　　　（2018年3月）

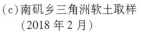

图3.1　主要采样地点

3.2.3　颗粒级配分析和微观结构分析

要研究软土的性质，首先必须研究土的三相组成。其中软土的固体颗粒对其物理力学性质起决定性的作用，而研究固体颗粒就要分析粒径的大小及其在土中所占的百分比，即软土的粒径分配。其次要研究固体颗粒的矿物成分以及颗粒的形状。一般来说，粗粒土多为原生矿物，形状呈单粒状；而颗粒很细的土，其成分是次生矿物，形状多为片状或针状。由于鄱阳湖区软土的颗粒粒径相对较小，本次研究主要采用比重计法和粒度仪进行颗分试验，在鄱阳湖区4种类型软土中选了6组开展颗分试验。

软土的颗粒结构是动态的，会随着周围环境及应力的变化而变化。到了20世纪70年代以后，计算机技术的不断发展，使利用计算机图像处理技术分析土的结构成为可能，而电镜扫描技术是获取土的结构信息的一种非常有效的手段。本次研究利用南昌工程学院的环境扫描电镜对鄱阳湖区不同受压条件下的30组软土试样进行分析。

3.2.4 室内试验分析情况

软土的工程特性涉及高孔隙比、较强的透水性、超固结性、低抗剪强度等多个方面,为了更好地研究软土的工程特性,方便工程建设项目负责人正确选择软土参数特别是固结、变形、渗透参数,需对涉及的特性进行室内试验,主要包括以下三部分:

(1)固结试验

固结是土体在外部荷载作用下,超孔隙水压力减少,有效应力增加,土体压缩的过程。荷载作用、孔隙水压力与压缩变形是固结试验研究的重点。常规固结试验是研究土体固结特性最常用的方法,但存在耗时长、不能监测固结过程中的孔隙水压力变化、对土样扰动较大并且加载方式与实际施工情况差别较大等不足。为更好地模拟实际工程中的固结加载方式,利用 GDS 高级固结试验系统(图 3.2)和等加载速率固结试验方法(Constant rate of loading consolidation test,简称 CRL)进行加载,即在加载过程中控制试样的固结应力增长(加载速率)为常数的一种固结试验。CRL 固结试验的加载方式与岩土工程的实际加载方式相似,不仅克服了常规固结试验的缺点,而且具备加荷稳定、操作简单、对土样扰动小的特点。本课题利用 GDS 高级固结试验系统,针对软土开展等加载速率的固结试验与瞬时加载固结试验研究,分析不同加载速率下土样的固结特性与孔隙水压力消散特性,并根据实验结论对实际工程的施工加载速度控制提出参考意见。

图 3.2 GDSCTS 高级固结仪

（2）直剪试验

软土的强度和基质吸力密切相关。饱和土的有关强度理论无法简单运用于解决非饱和软土问题。鄱阳湖软土埋深较浅，年平均水位埋深一般为 - 10 m ~ 2.2 m,但在地下工程施工过程中的降水作业区、地下水面以上的路基堤坝,以及临湖沿江地段因水位升降等引起的地下水位波动带及以上地带等,非饱和土仍大量存在。因此,在鄱阳湖区开展非饱和土或饱和土直剪试验,具有非常重要的现实意义。

常规的软土直剪试验存在着受力斜偏、剪切面积偏小、φ 值偏小、C 值偏大及不能严格控制排水条件的缺点。因此,采用GDSBPS饱和土反压直剪系统(图3.3),通过控制土样的孔隙水压力与孔隙气压力对不同饱和度的土样进行直剪试验。该仪器基于标准直剪试验系统配置并进行了一些修改,修改后能够测量"基质吸力——孔隙水压力与孔隙气压力"的差值。该系统可在计算机控制下进行标准直剪试验和高级非饱和试验。

（a）浸泡72小时的
试样,削平

（b）放入试样,上下
放中等透水纸,
上部放透水石

（c）盖好上盖板,卡锁
放在 unlock 上,否
则剪不动

图3.3　GDSBPS饱和土反压直剪系统

（3）三轴试验

标准应力路径三轴试验系统主要用于测定在不同的荷载和有侧限的条件下土的抗剪强度。模拟不同的加荷方式,在不同的排水条件下进行的试验,则称为应力路径试验。应力路径是模拟土体在实际施工或运行过程中的应力变化,对试样进行加荷、减荷的试验程序。这种应力状态变化以岩石的加荷过程中土体内某平面上应力变化的轨迹来表明应力增长或减小的路径。不同的加荷方式有不同的应力路径。

为研究鄱阳湖枢纽闸基工程施工软土层的基本物理力学性质,考虑到深厚软土的实际工况,拟模拟开挖—建闸—水位升降的应力途径,采用固结排水的方法进行试验。试验设备采用英国进口的全自动 STDTAS-HKUST 非饱和土三轴试验仪(图 3.4)。该设备由英国 GDS 土工仪器有限公司和香港科技大学合作研发而成,包括压力室、围压、轴力、孔隙水压和孔隙气压的生成与控制器,以及数据采集和试验控制器件,同时配备轴力、变形量测和轴平移吸力控制系统。本系统采用 50 kN 荷载架施加轴向荷载,采用 GDS 压力/体积控制器控制和测量围压和反压。试验利用 GDSLAB 软件完成控制和数据采集。

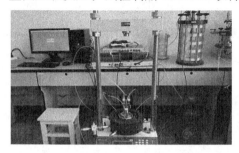

图 3.4 全自动 STDTAS-HKUST 非饱和土三轴试验仪

3.2.5 降雨物理模型试验实施情况

鄱阳湖区软弱土层对区内基坑开挖、堤防水坝、斜坡岸坡的稳定性影响较大,而采用物理模拟试验可以较为准确地反演软弱土层对上部岩土体稳定性的影响。为揭示降雨入渗对含软弱土层边坡稳定性的影响,结合固定式双渗透降雨物理模拟技术和光纤光栅传感器技术,对 4 种典型坡角的软弱夹层顺层斜坡开展了降雨物理模拟试验,测量了降雨过程中滑坡体内关键位置的位移及力学参数并分析了它们的变化情况。

试验设备采用南昌工程学院自主研发的降雨与库水位耦合作用的物理模拟系统(图 3.5),包括人工降雨模拟单元、模型箱单元和监测单元。人工降雨模拟单元设有大功率水泵、储水井、控制台、沉沙池、回水槽和数控分水阀门。模型箱单元四周及底部密封,前端设有控水阀门,底部设有重型带刹脚轮。箱内设有滑床,滑床上设滑动带,滑动带上设滑体,滑动带后缘设有滤水管,滑体及滑动带设有传感器,箱体前缘设有液位计、进水管、控水阀门。监测单元包括摄像机、物理量传感器、数据采集和处理系统。所述装置用于模拟山体滑坡在多工况条件下的变形破坏模型试验,可实时监测滑坡不同部位的物理量参数,能够进行降雨、库水位等多参数耦合作用下滑坡的试验研究。

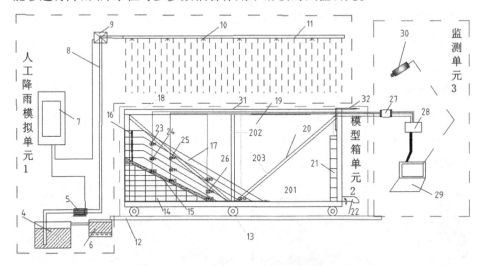

图3.5 人工降雨物理模拟系统示意图

1——人工降雨模拟单元;2——模型箱单元;3——监测单元;4——蓄水池;5——抽水泵;6——沉沙池;7——雨量自动监测系统;8——升水管;9——转换接头;10——喷头;11——分水管;12——回水槽;13——卡轮;14——岩床;15——软土;16——渗水管;17——滑体;18——模型箱;19——玻璃板;20——透视网格;21——标尺;22——漏水管;23——动态水压力传感器;24——动态水分传感器;25——位移传感器;26——动态土压力传感器;27——集成器;28——稳定器;29——终端;30——高速摄像机;31——横支架;32——进水管;201——底板;202——纵支撑;203——斜支撑。

3.2.6 数值分析实施情况

数值模拟方法由于对复杂几何和应力条件处理的高度灵活性和适应性,可以方便地计算出应力场、位移场、地基稳定性安全系数及它们的变化过程。由于鄱阳湖区软弱土层随着埋藏位置的变化,其多场特征也会发生不同的变化,因此采用广义耦合马尔可夫链蒙特卡洛模拟法对软土的空间变异性进行研究,采用 GeoStudio 软件中的 SIGMA/W 模块模拟分析软土堤防边坡的初始变形、匀速变形和加速变形,并与降雨物理试验进行对比。

第4章 鄱阳湖区软土的基本性质及数值模拟分析

4.1 鄱阳湖区软土的构成

4.1.1 鄱阳湖区软土的沉积环境

4.1.1.1 地形地貌和地层岩性

鄱阳湖位于江西省北部,北纬 28°20′~29°50′、东经 115°50′~116°45′之间,南北长 173 km,东西宽 74 km,是中国最大的淡水湖,水域面积 4125 km²。湖泊呈葫芦形,开口朝北,湖水由湖口县汇入长江,四周环山,多湿地,河流密集,整体由南向北呈阶梯状倾斜。总体来说,区内有高山、中低山、丘陵、平原、河湖圩区等多种地貌,有赣江、抚河、信江、修河、饶河五大河流汇入湖内。

研究区以松门山为界分南、北两部分。南部宽且浅,为湖泊主体;北部为入江水道,湖水窄而深。鄱阳湖水位呈现显著的季节性变化。区内地貌以鄱阳湖平原为主,鄱阳湖平原地势低平,高程一般小于 25 m。湖泊周围分布着山地、丘陵。其中,湖盆西北侧为断块隆起而形成的庐山。庐山是典型的地垒式断块山,长约 25 km,宽约 10 km,最高峰为汉阳峰,海拔 1474 m。湖盆两侧断续分布着沙山地貌。湖区主要地貌形式有湖岸与湖底地貌、河谷地貌、河流阶地及冲积平原与三角洲等。主要地貌单元可分为:

(1)赣西北剥蚀构造中低山丘陵区:包括德安、庐山市、永修等广大地区,地形由西向东朝湖区倾斜。

(2)西南部和南部阶地平原区:包括赣江、抚河、修河连成一片的广大三角洲冲积平原,阶地发育,水网密布。

(3)东南部和东部丘陵阶地平原区:包括信江三角洲平原、饶河三角洲平原。

(4)湖泊与滨湖区:地势平坦,河汊湖泊密布,发育湖滩与冲积—湖积平原;湖区冲积平原地面高程一般为 10 m~17 m,河(湖)床地面高程为 3 m~7 m。

鄱阳湖区是中新生代形成的断陷盆地,周边山地多由古老地层组成。湖盆内除低山孤丘多出露古生代—元古生代老地层及局部白垩系地层外,其余皆为第四系覆盖层。第四系地层在湖区分布最广,厚度大,为湖区主要地层。主要地层岩性有:

(1)中元古界双桥山群(Ptbn):主要分布于湖区东面边缘丘陵及湖盆后中低山地段,局部出露于湖区孤丘处。岩性为板岩、变沉凝灰岩、变余砂岩等。

(2)震旦系(Z):零星出露于都昌—湖口入江段两岸。岩性主要有粉砂岩、硅质板岩、千枚岩夹变余砂岩等。

(3)寒武系(∈):主要为硅质(板)岩夹炭质板(泥)岩,零星出露于庐山市—湖口入江段两岸。

(4)白垩系(K)及第三系(E):主要为紫红色泥(钙)质粉砂岩夹泥岩,岩性软,零星分布于湖区。

(5)第四系(Q):

1)下更新统(Q_1):上部为砂层,下部为砂砾石,分选性良好,具有明显的水平层理或交错层理,仅见于湖区北部。

2)中更新统(Q_2):成因类型有冲积、河湖沉积、残积等。其中,冲积相分布于湖区周边的瑞洪、三里、康山、南峰、尤口、南山、窑头、吴城等地,具二元结构,上部为网纹状黏土、壤土,下部为砂、砂砾石。河湖相零星分布于湖区西南部的梁家渡、向塘、莲塘一带,岩性为棕红色、淡白色中细砂。残积相分布于湖区边缘丘陵地带及珠湖一带,岩性为网纹状黏土、壤土、砾质土等。

3)上更新统(Q_3):成因类型有冲积、河湖沉积两类。其中,冲积相分布于赣江沿岸的南昌、尤口、窑头一带,具二元结构,上部为黏土、壤土,下部为砂及砾石层。河湖相分布于吴城东北、老爷庙、庐山市等地,岩性为中细砂,构成质地均匀、纯净的沙丘。

4)全新统(Q_4):成因类型有冲积、河湖沉积两类。其中,冲积相广泛分布于五大河流的河床及两岸、河漫滩与河口三角洲等地段,尤以赣抚平原三角洲发育得最好,自南往北厚度逐渐增大,具二元结构,上部为黏土、壤土、沙壤土,下部为砂卵石、砾卵石。河湖相主要分布在河流入湖处的三角洲及湖滨、湖底。岩性往往反映出河湖交替沉积的特征,以粉细砂、沙壤土、壤土、黏土、淤泥类互层,组成河湖相混合沉积。在湖底及滨湖表层则分布着淤泥、淤泥质黏性土、淤泥质粉细砂,为近代湖泊沉积。

4.1.1.2　鄱阳湖区全新世以来的沉积环境和地质变迁

关于鄱阳湖分地开始的时代众说纷纭,有的学者认为是侏罗纪早期,而有些学者认为是白垩纪。但对盆地演化过程的认识较为统一。根据大地构造的发展演化及盆地演化在沉积和区域应力特征上的变化,可以认为鄱阳湖区土体形成于早白垩世河谷相沉积阶段,其软土主要形成于新近纪至第四纪盆地河流湖泊相沉积阶段。不同的物质来源、搬运动力以及地质历史时期、气候、古地形地貌和沉积环境的变化,是形成鄱阳湖区软土的主要因素,造成了本区软土的产状、物质成分、化学成分、结构特征和工程地质性质差异很大。

早白垩世河谷沉积阶段:这一阶段相当于鄱阳湖盆地沉陷早期,沉积了一套巨厚的火山凝灰和火山灰碎屑物,为扬子地台上的山间地槽环境形成的冷水坞组拉分盆地河流谷地相沉积,呈不整合构造于基岩之上。河流谷地相沉积经搬运沉积形成了鄱阳湖盆地软土的坚实地基。

晚白垩纪到古近纪盆地冲洪积阶段:此阶段的鄱阳湖地台以升降作用为主,形成规模不等的坳陷和隆起。受干热气候影响,盆地被洪水反复冲积和淹没,后期盆地持续坳陷,水位上升,导致湖底土体由洪泛型、河道冲积型向湖泊沉积型转变。岩性主要以砂砾石、中粗砂、粉细砂和夹杂有机物的盐湖沉积为主,并具有交错层理,局部具辫状河流相及滨湖相沉积特征。

新近纪至第四纪盆地河流湖泊相沉积阶段:此阶段受东西向新构造运动影响,盆地东侧隆起,河流深切形成洼。在 4 次冷暖交替气候的影响下,水位倒灌,积不成湖,加之上游来沙在水流的分选作用下流入湖中,形成了冲积扇、三角洲、心滩、湖心岛等典型的河流相—湖泊相沉积体系。主要岩性为粉细砂、粉土、粉质黏土等。

根据露头及取芯和最大树模糊聚类分析结果,鄱阳湖区全新世共发育 3 类沉积体系,即鄱阳湖早期的冲积扇和扇三角洲体系、中期的河流体系和晚期的三角洲体系。其环境特点及沉积特征见表4.1。

表4.1 鄱阳湖区全新世以来的沉积环境及地质变迁

沉积体系分类	沉积环境	沉积特征
冲积扇和扇三角洲沉积	距今12 000 a～4100 a,湖底地形主要为沟谷、洼地、丘陵,地形高差为10 m～30 m;气候在晚更新世属于全球性冰盛期,湖区水面降到最低点,高差相对增大,岩石风化强烈,全新世以后转为温暖潮湿的多雨气候;沉积厚度东薄西厚,新构造运动东弱西强;入湖河流在鄱阳湖区构成网状流槽或浅水沼泽。赣江河床平均坡度为3°～5.7°,信江、饶河坡度为1.7°～3.1°。湖西侧为冲积扇特征,沉积物揭露为块砾石夹红色黏土及少量黑色泥炭;东侧主要为扇三角洲沉积,为分选良好和层理构造发育的砾石层夹灰色黏土沉积。	湖西赣江、修水入鄱阳湖前缘主要为冲积扇沉积。按岩性和结构特征,在剖面上可分为上、下两段:下段为泥石流沉积,厚7 m～35 m,砾石含量高,砾砂泥混杂;上段为筛积物沉积,揭露为1 m～3 m厚,砾径为2 cm～3 cm。砾石层分选良好,透水性好。信江—饶河一带主要为扇三角洲沉积,厚5 m～12 m,可分为扇三角洲平原和前缘两个亚相。平原为砾石和砂,前缘多为粗中砂沉积,交错层理及平行层理,具反韵律特征。
河流沉积	距今4100 a～1700 a,古地形被泥沙充填,河流数目减少;湖区北端初步形成,在湖口跌水,南鄱阳湖大水面尚未形成。在该阶段,鄱阳湖实际上为古赣江冲刷河道,湖区主要是以赣江为主的河流沉积。赣江河床坡度为1.7°～3.1°,具辫状河特征,心滩发育;含沙量为现在的2.5倍左右,携带的沉积物粒度比现在大。新构造运动西强东弱,湖区不均衡升降,西陡东缓,西侧水动力比东侧强。	在该阶段,湖西侧为辫状河沉积,水流量大,主要为砾石及少量粗砂沉积。单层厚2 m～4 m,纵向分为三组岩性构造:下部为槽状交错层细砾冲坑;中部为大型槽状、层状含砾粗砂;上部为小型槽状、交错层状中砂。此外,湖东侧曲流河的发育时间大于2000 a,而西侧的发育时间约为350 a,主要沉积物自下而上为砾石、粗砂至中细砂、粉细砂,呈典型的二元结构,发育槽状层理、平行层理及沙纹状层理。
三角洲沉积	从1700 a至今,河床相对稳定,入湖口位置变化不大;长江受高海平面的顶托,江槽逐渐抬高,水位不断上升,长江水对湖口泄流的顶托、阻滞作用日益增大。流水大量积于鄱阳湖区内,形成南鄱阳湖大水面。湖区发展成大风集中区,三角洲沉积被风浪改造成破坏型三角洲。近200 a来,人工堤的修筑,造成泥沙在各河流入湖口淤积,形成以水流作用为主的高建设型三角洲沉积。	三角洲沉积分两种类型:下部为破坏型三角洲沉积,具有湖进三角洲的正韵律特征,岩性以中细砂及粉尖为主,泥质较少,淘洗干净,磨圆度和分选性好,发育槽状和板状交错层理,以及波浪作用形成的"人"字形交错层理和波状层理;上部为建设型三角洲,岩性以细砂、粉砂及粉砂质泥为主,垂向剖面呈现向上变粗的反递变特征,发育典型的板状交错层理、"S"形前积交错层理、爬升波纹层理以及不同规模和形态的流水波痕。

4.1.2　鄱阳湖区软土的成因分类及分布规律

根据以上地质背景及沉积环境的分析可知,鄱阳湖区软土主要形成于全新世以来的三角洲沉积中。距今 1700 a 前,鄱阳湖北端赣江古河道因长江河道抬升,湖口水顶托,形成了沟深土厚的河床相软土层,厚度由北向南逐渐递减;鄱阳湖南端湖面水域,受风浪及湖水淤积的影响,形成厚薄不均,具有水平层理、波纹层理的湖相软土层;而在赣江、修河、信江、饶河等入湖口前缘三角洲区域赋存着分布广泛的二元结构明显的三角洲相软土;在鄱阳湖区东侧、南侧、西侧一带还存在着由牛轭湖、人工圩堤演变而来的泥炭质沼泽相沉积。

为研究软土的成因分类,借助前人丰富的研究成果、区内勘察资料及勘察测试成果,在鄱阳湖区各方向选取不同的钻孔资料进行分析,力图对全新世以来鄱阳湖区盆地软土的形成原因、分布规律及其工程地质类型进行分析。主要资料选点。

从图 4.1 可以看出,鄱阳湖入长江口附近航道(北端周岭—南北港圩 1 – 1′剖面)地基土浅层从上至下依次为粉质壤土(2 m ~ 4 m)、淤泥质粉质黏土(12 m ~ 14 m)、沙壤土(0.5 m ~ 2 m)和细砂(>4 m),呈水平层理状。

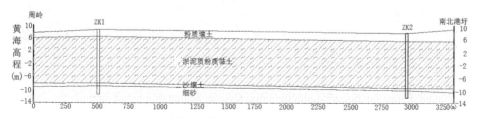

图 4.1　鄱阳湖北端周岭—南北港圩 1 – 1′软土分布工程地质剖面图

如表 4.2 所示,鄱阳湖区北端鄱阳湖水利枢纽上闸址(屏峰—长岭 2 – 2′剖面)软土工程地质剖面的地层岩性从上至下依次为:沙壤土(①–1),淤泥质黏土(①–2),粉细砂(①–3),淤泥质黏土(②–1),卵石、黏土质砾石(②–2),黏土(③–1),黏土质砾石(③–2),灰岩(④–1),黏土质砾石(④–2)。软土主要分布在①–2 和②–1 地层中,厚度分别为 8.2 m 和 4.3 m。土层结构分布主要表现为粉细砂、沙壤土、软土、黏土类互层的河湖交替沉积,局部存在粉细砂、细砂透镜体。

表4.2　鄱阳湖典型土层工程地质分层

分层	土类	深度/m	透水性质
①-1	沙壤土	0~0.5	弱透水层
①-2	淤泥质黏土	0.5~8.7	弱透水层
①-3	粉细砂	8.7~13.2	含水层
②-1	淤泥质黏土	13.2~17.5	弱透水层
②-2	卵石、黏土质砾石	17.5~32.5	含水层
③-1	黏土	32.5~41.0	微透水层
③-2	黏土质砾石	41.0~52.0	含水层
④-1	灰岩	52.2~55.6	不透水层
④-2	黏土质砾石	55.6~57.6	含水层

　　图4.2所示为鄱阳湖北端都昌采砂区(郭家—郭公岭3-3')软土分布工程地质剖面图。从图中可以看出:湖水之下的地层依次为淤泥质黏土(12 m~14 m)、细砂(4 m~12 m)、粗砂(0 m~12 m);在结构上,软土主要为水平层理,但厚薄不均。

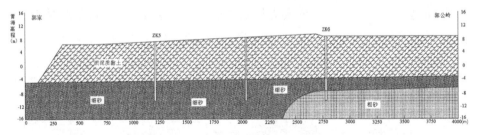

图4.2　鄱阳湖北端郭家—郭公岭3-3'软土分布工程地质剖面图

　　图4.3为鄱阳湖北端4-4'软土分布工程地质剖面图(庐山市3#采砂区1-1')。从图中可以看出:此区域的软土主要为淤泥质粉质壤土(9.36 m~9.85 m),存在于湖水之下的第一层;其下细砂厚度较大(>10 m),主要为近水平层理,说明其水流速率较慢。

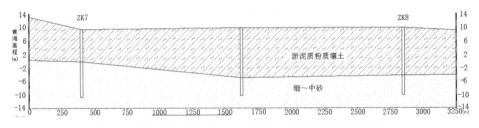

图4.3　鄱阳湖北端庐山市4-4'软土分布工程地质剖面图

图4.4为鄱阳湖区北端永修县老屋村—甘东村—都昌县何埠村5－5′工程地质剖面图,地层依次为粉质壤土(0 m～4 m)、淤泥质粉质壤土(8 m～14 m)、细砂(0 m～12 m)和中粗砂。其中,软土(淤泥质粉质壤土)呈现波纹式分布,厚薄不一,其下存在细砂透镜体。

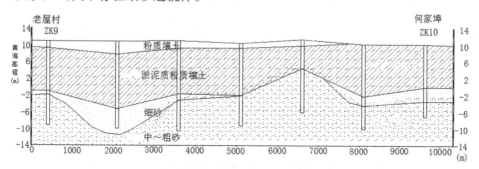

图4.4　鄱阳湖区北端永修县5－5′工程地质剖面图

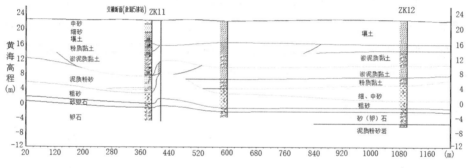

图4.5　鄱阳湖区西侧廿四联圩6－6′工程地质剖面图

图4.5为鄱阳湖区西侧廿四联圩6－6′工程地质剖面图。从图中可以看出,地层从上至上依次为中砂(0 m～1.0 m)、细砂(0 m～2.3 m)、壤土(2.3 m～6.6 m)、粉质黏土(2.2 m～3.1 m)、淤泥质黏土(2.6 m～6.5 m)、泥质粉砂(0 m～3.3 m)、中粗砂(3.8 m～6.4 m)、砂卵石(>2.5 m)和泥质粉砂岩等。其中,软土主要为淤泥质黏土和泥质粉砂,结构主要为波纹状层理。

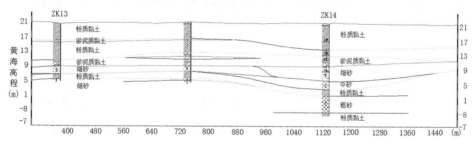

图4.6　鄱阳湖区西南侧红旗圩7－7′工程地质剖面图

图4.6为鄱阳湖区西南侧红旗圩7-7′工程地质剖面图。从图中可以看出,ZK13揭露地层为壤土(0 m~0.5 m)、粉质黏土(4.0 m~8.6 m)、淤泥质黏土(0.4 m~2.8 m)、细砂(1.5 m~4.0 m)、粉质黏土(1.3 m~2.0 m)、细砂等。该剖面的软土与黏土、细砂呈"千层饼状"交互层理。

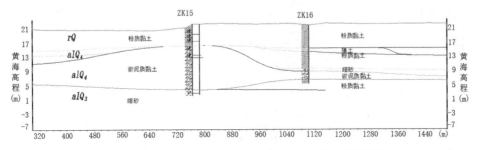

图4.7　鄱阳湖东侧鄱阳县饶丰程家8-8′工程地质剖面图

图4.7为鄱阳湖区东侧鄱阳县饶丰程家8-8′工程地质剖面图。从图中可以看出,该区域的软土主要为淤泥,呈透镜体分布。如钻孔ZK15所示,从上至下依次为粉质黏土(0 m~2.9 m)、淤泥(2.9 m~9.8 m)、细砂(9.8 m~12.0 m)、中砂(12.0 m~15.5 m),下伏为基岩。

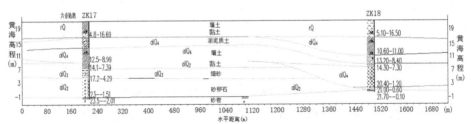

图4.8　鄱阳湖南侧余干县枫富联圩9-9′工程地质剖面图

图4.8为鄱阳湖区南侧余干县枫富联圩9-9′工程地质剖面图。从图中可以看出,该区域的软土赋存于壤土及黏土之下,主要为单层结构的淤泥质土,呈波纹状分布,具辫状河流沉积相模式的典型特征。如钻孔ZK18所示,从上至下依次为壤土(0 m~2.5 m)、黏土(2.5 m~4.8 m)、淤泥质土(4.8 m~7.2 m)、壤土(7.2 m~12.2 m)、黏土(12.2 m~14.3 m)、细砂(14.3 m~17.5 m)、砂卵石(17.5 m~22.9 m),下伏为砂岩(23.4 m以下)。

从纵剖面示意图来看(图4.9),鄱阳湖软土分布受河流地貌的影响,南侧薄,北侧厚,反映了软土随沟谷深度加大而逐渐加深。其中,余干—永修—都昌一带的软土以夹层型为主,而都昌—庐山—湖口一带的软土裸露于湖水之下,以裸露型为主。

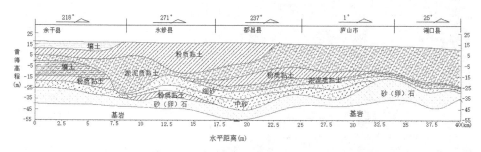

图4.9 鄱阳湖区软土纵剖面示意图

此外,根据江西省交通设计院和九江地质工程勘察院发布的都九高速都昌至星子段新建工程老爷庙至华林枢纽勘察报告,都九高速鄱阳湖大桥桥基软土主要包括淤泥和淤泥质土,呈灰黑色,成分为泥质,含砂和贝壳,局部含有机质。土质细滑,呈流塑状。土层厚0 m~15.0 m,分布厚度不均:临都昌一侧主航道的软土较厚,临九江市一侧较薄。局部有透镜体,地基强度差,厚度变化大。航道区内的淤泥质土结构松散,呈软塑至流塑状,易出现缩径与塌孔现象,不能满足桥梁工程的地基基础条件,后期必须进行地基处理。

根据地质成因、矿物成分含量的多少,可以把鄱阳湖区的软土进一步划分为河床相、湖泊相、三角洲相、沼泽相4种类型(图4.10)。

(1)庐山市—湖口县河床相软土

庐山市—湖口县一带为鄱阳湖入江口,长约40 km,地势北低南高,海拔在2 m和12 m之间,位于湖区北部,地形为U形横槽谷。该区广泛形成了以河床相为主、冲积相为辅的软土层,受长江水倒灌及湖水洪泛相的沉积作用,有一层厚度为20 cm~120 cm不等的粉细砂硬壳层,有两层软土层。湖冲积淤泥质黏土主要是夹细(粉)砂层或与细(粉)砂呈互层状分布,灰色,呈流塑至软塑状[图4.10(a)]。层厚为几十厘米至数十米不等,埋深为5 m~19 m,最大揭露厚度达21 m。局部土层孔隙比接近1.5,最大液性指数值达2.0以上,饱和度为99%左右,基本表现出淤泥特征。粉(细)砂透镜体呈灰色,饱和,呈松散状,含少量黏粒,与淤泥质黏土呈互层状分布,厚度较大的细(粉)砂夹层底部可见中砂相变现象。局部呈透镜状,分布于圆砾层中。一般厚1 m~5 m,个别部位厚16.8 m。这些粉细砂透镜中夹淤泥或淤泥质土。图4.10(a)为勘探取样图片,从中可以看出软土含水量、含砂量高,呈软塑至流塑状。

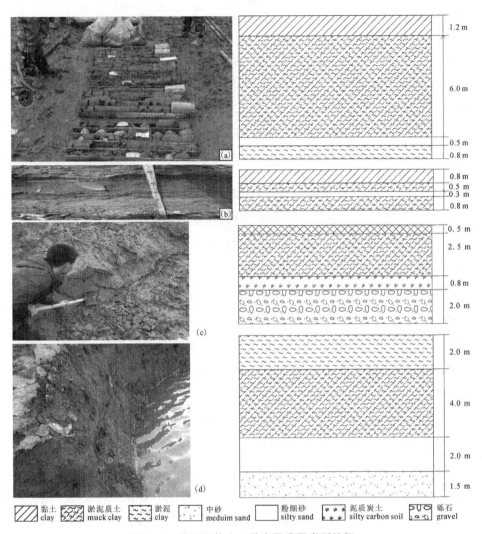

图例说明：

图例	名称
黏土 clay	淤泥质土 muck clay
淤泥 clay	中砂 meduim sand
粉细砂 silty sand	泥质炭土 silty carbon soil
砾石 gravel	

图4.10　鄱阳湖软土4种主要成因类型特征

（a）庐山市—湖口县河床相软土；（b）吴城—鄱阳县湖相软土；（c）赣江南支三角洲相软土；（d）余干沼泽相软土。

（2）吴城赣江入湖口湖相软土

九江市永修县吴城镇为赣江、修河、饶河三大水系的汇聚处,位于鄱阳湖中部西侧。区内水系环绕,湖泊众多,湿地草原有60多万亩,地面高程为16.5 m～90.9 m,为滨湖丘陵地貌。软土在吴城镇西侧广泛分布,厚度不均。

吴城镇临湖一侧的软土主要是淤泥质土夹粉细砂,成层分布,一般表现为一层砂一层土,具有明显的层理特征[图4.10（b）]。软土交错分布,厚度为0.1

m～9.4 m 不等,钻探揭露埋深为 0.6 m～19.8 m,呈灰色或深灰色,局部夹粉土、粉砂,含水量高,呈软塑至流塑状,干涸后呈硬塑状。其剖面图如图 4.10(b)所示,整体呈千层饼状。该地区的主要不良土层为图中第 2 层、第 4 层、第 5 层的淤泥质粉质黏土。

(3)将军洲—千步洲三角洲相软土

将军洲—千步洲一带位于南昌市东侧昌东镇南矶乡一带的冲积三角洲上,包括蒋巷联圩、红旗联圩、长乐联圩等数个万亩联圩,西高东低,水系密布,水流由西往东注入鄱阳湖。区内海拔 11 m～45 m,枯水期洲滩河道出露,湖洼星罗棋布,为典型的侵蚀低丘岗阜及湖滨堆积地貌。

赣江入湖口三角洲的前缘及古河道分布有淤泥、淤泥质土和有机质土,埋深较深。图 4.10(c)为将军洲—千步洲三角洲相软土的典型剖面,上覆地层为深灰色壤土,软土层厚 0.4 m～14.5 m,钻探揭露埋深为 5.4 m～21.0 m。软土为淤泥质土,局部有泥炭质土,呈深灰色或炭黑色,层理特征不明显。该软土具有强亲水性,含有较多的有机质,孔隙性和含水量均较高,呈软塑状。图 4.10(c)展示的是该区河侧软土的剖面,层理界面不明显,颗粒含黏性物质较多,间杂 0.3 cm～15 cm 的粉土或粉细砂。

(4)余干康山围堤沼泽相软土

上饶市余干县康山大堤位于鄱阳湖东侧,长约 40 km。围堤保护区域约 45 万亩,地势低洼,是鄱阳湖最大的蓄滞洪区。区内由东向西缓缓倾斜,区内海拔 17.59 m～23.4 m,在汛期低于鄱阳湖水面。

自第四纪以来,该区的瑞洪至康山一带形成坳陷构造带缓慢下沉,广泛接受信江洪冲积,形成洪冲积扇。近地表地层多为新近沉积的第四系全新统沼泽相软土,多为灰黑色淤泥,有腥臭味,呈软塑状,厚度为 0.1 m～4.8 m,揭露埋深为 0.9 m～9.3 m。图 4.10(d)为康山大堤内侧团结村机耕路桥开挖的工程地质剖面图。由图 4.10(d)可以看到,地层由上至下分别为:壤土,厚 1 m～2.5 m;淤泥质黏土,厚 2.5 m～4.3 m,局部夹杂薄层粉细砂,具微透水性、高压缩性,物理力学性质差。

4.1.3　鄱阳湖区软土的物质组成

4.1.3.1　矿物组成及化学成分分析

依托鄱阳湖水利枢纽闸址可行性研究工程地质勘察项目,为了研究软土的地质成因,采用 DMAX-3C(CuKa,Ni 滤光)选择了 ZK9、ZK13、BTK9、BTK12、BTK13 等钻孔,选择了不同深度的 25 组试样进行衍射分析,同时分析了其矿物组成成分。随后,采用激光粒度仪、高倍光学显微镜、环境扫描电镜等仪器对鄱阳湖软土的颗粒粒径、微观结构进行分析。2017 年 4 月至 12 月,又分别到鄱阳湖区西岸的吴城镇赣江入湖口、鄱阳湖南岸的昌东镇到南矶乡一带及鄱阳湖东岸的余干康山沼泽相选取 30 组试样进行分析。试验结果见表 4.3。

表 4.3 鄱阳湖枢纽闸址补充勘察软弱土层矿物成分分析表

报告编号	样号及埋深	测试结果/%							备注
		蒙脱石	伊利石	高岭石	绿泥石	石英	钾长石	斜长石	
1	BTK9 2.7 m～3.0 m		20	9	8	54	7	2	
2	BTK12 2.7 m～3.0 m		29	18	14	35	2	1	
3	BTK12 1.7 m～2.0 m		22	17	10	44	4	3	
4	BTK12 0.7 m～1.0 m		21	5	7	62	4	1	
5	BTK11 1.5 m～1.8 m		21	11	8	53	3	3	
6	BTK13 2.7 m～3.0 m		31	16	15	35	1	2	
7	BTK13 10.8 m～11.1 m		19	11	11	53	2	3	
8	BTK13 0.7 m～1.0 m		21	14	9	53	2	2	
9	BTK12 9.0 m～9.3 m		24	11	15	45	4	3	
10	BTK12 8.4 m～8.7 m		24	8	11	52	1	3	
11	BTK12 7.2 m～7.5 m		26	8	8	53	3	2	
12	BTK12 3.7 m～4.0 m		28	15	12	40	3	3	
13	BTK9 3.7 m～4.0 m		33	24	15	24	2	1	
14	BTK9 9.5 m～9.8 m		23	11	11	50	2	4	
15	BTK9 8.7 m～9.0 m		32	5	6	50	6	1	
16	BTK9 4.2 m～4.5 m		24	16	13	44	1	2	
17	BTK9 13.7 m～14.0 m		20	9	9	56	3	3	
18	BTK9 1.7 m～2.0 m		31	16	14	34	2	2	
19	BTK13 3.2 m～3.5 m		32	13	10	41	1	2	
20	BTK9(2) 1.7 m～2.0 m		25	21	16	34	1	2	
21	BTK9 5.7 m～6.0 m		21	11	8	52	3	5	

续表

报告编号	样号及埋深	测试结果/%							备注
		蒙脱石	伊利石	高岭石	绿泥石	石英	钾长石	斜长石	
22	BTK9 7.7 m～8.0 m		26	11	10	50	2	1	
23	BTK9 6.7 m～7.0 m		24	5	5	51	11	5	
24	BTK9 2.7 m～3.0 m		20	9	8	54	7	2	
25	BTK12 2.7 m～3.0 m		29	18	14	35	2	1	

从表中可以看出,鄱阳湖水利枢纽闸址软弱土层中的原生矿物主要是石英、长石类,约占52%;次生矿物主要包括伊利石、高岭石和绿泥石,约占48%;黏土矿物以伊利石(24.84%)、高岭石(12.48%)等为主,蒙脱类(绿泥石)较少(10.6%)。伊利石含量大于绿泥石含量,表明该区域的软弱土层总体水稳性较好。从平面上看,各钻孔软土的矿物成分含量大同小异(图4.11)。

从空间结构上看,位于鄱阳湖区水利枢纽上闸址湖心岛屿的补充勘察钻孔(BTK9、BTK12)的软弱土层矿物成分均以原生矿物为主。其中,石英含量最多,长石类次之,表明大部分软土成分由上游泥沙冲刷沉积而成。次生矿物的含量不稳定:局部蒙脱类矿物含量较大,表明其水稳性差,工程力学性质也较差;有的部分高岭石和伊利石含量较多,表明其水稳性较好,工程力学性质也较好。该取样点的矿物成分分析结果表明,其软弱土层在空间上的分布具有间杂性和交错性的特点,地层软硬交错,部分地点有透镜体存在(图4.11)。

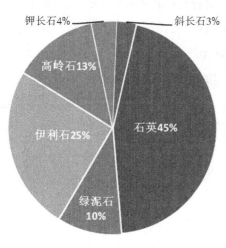

（a）ZK9 矿物组成

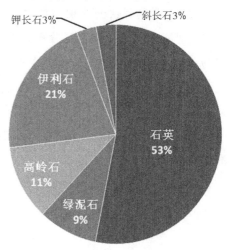

（b）BTK11 矿物组成

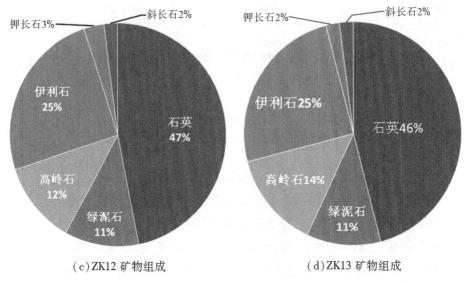

（c）ZK12 矿物组成　　　　　　　　（d）ZK13 矿物组成

图 4.11　鄱阳湖枢纽上闸址代表性钻孔软弱土层的矿物成分含量饼图

由分析结果可知,鄱阳湖水利枢纽上闸址各钻孔同一埋深的软弱土层衍射峰基本一致,衍射强度(纵坐标)也基本相同,说明该土层所表现的物质结构基本相同,说明其沉积环境和沉积历史基本相同。

软土的矿物成分受到水文、气候和地质环境等因素的综合影响。为研究鄱阳湖区不同位置的矿物成分,分别在鄱阳湖西南岸、南岸及东岸取样进行矿物成分分析,发现其具有如下特点(见表 4.4)。

(1)根据典型软土 X 射线衍射谱图,对比《沉积岩中黏土矿物总量和常见非黏土矿物 X 射线衍射定量分析方法》(SY/T 6210—1996)附录 A2 中的常见矿物 X 射线衍射图谱可知:试样 WC01、WC02(吴城),JQ03、JQ04(将军洲—千步洲),YG05、YG06(余干)的共同特点是均包括石英、绢云母、长石成分,且均无伊利石成分;不同点是余干康山堤试样 YG05、YG06 具有高岭石成分,而其他两地的试样中均无高岭石,绿泥石仅在吴城试样 WC01、WC02 和将军洲—千步洲试样 JQ03、JQ04 中存在。

表 4.4　鄱阳湖区其他取样点的矿物成分统计表

报告编号	样号及埋深	测试结果（%）							
		绢云母	伊利石	高岭石	绿泥石	石英	钾长石	斜长石	备注
1	WC01 1.7 m～2.0 m	44.7	—	—	6.1	21.2	7.6	15.4	
2	WC02 2.7 m～3.0 m	51.4	—	—	5.8	17.6	8.9	13.4	
3	JQ03 1.7 m～2.0 m	51.2	—	—	5.5	36.7	2.9	3.6	
4	JQ04 2.7 m～3.0 m	49.2	—	—	6.7	36.4	3.8	3.8	
5	YG05 1.7 m～2.0 m	20.7	—	1.6	—	26.2	31.1	4.9	
6	YG06 2.7 m～3.0 m	22.7	—	4.9	—	43.2	15.7	4.3	

从表 4.4 可以看出，修水县吴城镇赣江入湖口土样（土样 1 和土样 2）、南昌市将军洲—千步洲一带的软土土样（土样 3 和土样 4）黏土矿物（绢云母、绿泥石）含量较高（均超过 50%）。由于绢云母化学组成、结构与高岭土相近，在水介质及有机溶剂中分散悬浮性好，但一旦失水，又具有层状结构硅酸盐矿物的特点，其硅氧四面体和铝氧八面体结合非常稳定，因此失水后其承载力会迅速提高。而余干康山大堤内湖的土样黏土矿物含量较少（平均约 25%），但原生矿物（石英、长石类）含量高（超过 70%），单个颗粒多，颗粒之间黏聚力差，土样呈软塑至流塑状，承载力极低。

对表 4.3 和表 4.4 中 4 个地点的软土的矿物成分进行对比分析，结果见表 4.5。从统计结果可以看出，4 种软土均以石英、长石等碎屑矿物为主。其中，余干的沼泽相碎屑矿物（原生矿物）最多，说明该沼泽相软土的形成历史比较短，而将军洲一带的碎屑矿物最少（黏土矿物多），说明其软土形成历史最长。庐山市—都昌县—带的河湖相软土的伊利石含量较高，其他 3 个地方的软土绢云母含量较多。碎屑矿物含量多的沼泽相软土由于颗粒细，易溶性物质多，更容易受到水的作用，成分易发生较大变化；而碎屑矿物（石英、长石等）由原生矿物风化而成，在短时间的饱水作用下成分变化不大。

表 4.5　典型软土试样矿物成分对比表（%）

取样地点	碎屑矿物	伊利石	绢云母	绿泥石	高岭石
庐山市	52.08	24.84	—	10.6	12.48
吴城镇	46.0	—	48.5	5.95	—
将军洲	43.6	—	50.2	6.1	—
余干康山	75.0	—	21.7		3.25

注：数据为各试样含量的平均数，碎屑矿物含石英、长石，不含云母。

（2）综合上述矿物成分及地质成因和环境可将4种软土分为3种类型：庐山市河床相软土碎屑矿物比黏土矿物（伊利石、绿泥石、高岭石）含量稍多，为黏土—碎屑型软土；吴城镇湖相软土、将军洲三角洲相软土矿物成分主要是绢云母、碎屑矿物，为碎屑—绢云母型软土；余干县康山沼泽相软土主要成分是碎屑和绢云母，为绢云母—碎屑型软土。

4.1.3.2 软土颗粒组成

根据本课题组收集的鄱阳湖区60个工程项目239个软土样本的试验资料，可得出鄱阳湖区软土的颗粒结构，见表4.6。

表4.6 鄱阳湖区各软土颗粒级配和矿物成分与其他区域对比

区域	颗粒级配			矿物成分
	砂粒	粉粒	黏粒	
	>0.075	0.005~0.075	<0.005	
庐山	20.4	42.8	36.8	以石英为主，含伊利石、绿泥石和高岭石
吴城	13.5	49.9	36.2	以石英为主，碎屑矿物次之，含少量的绿泥石
将军洲	23.2	55.2	13.3	以石英为主，碎屑矿物次之，含少量的绿泥石
康山	6.5	52.3	41.2	以石英为主，绢云母次之，含少量的高岭石
天津	11.0	42.0	47.0	以伊利石为主，含少量的高岭石、蒙脱石
上海	5.0	50.0	45.0	以水云母和蒙脱石为主，含少量的石英
宁波	7.8	46.5	45.7	以伊利石为主，含少量的蒙脱石、高岭石
温州	15	45	40	以伊利石为主
洞庭湖	14.5	51.6	33.9	以石英为主，白云母次之，含少量的绿泥石
武汉	4.9	64.9	30.2	以伊利石为主，有少量的绿泥石
南京	0.8	70	29.2	以伊利石为主，有少量的绿泥石
福州	1.7	38.0	60.3	以伊利石为主，高岭石和绿泥石次之，含少量的硅藻、长石、黄铁矿及蒙脱石等
杭州	0.5	60.2	39.3	以伊利石为主，含少量的高岭石、绿泥石和伊蒙混层

表4.6可以看出，鄱阳湖区软土的颗粒组成及矿物成分与其他地区的软土相比大同小异。鄱阳湖区软土的砂粒含量为13.5%~22.2%，与其他类型的软土比相对较高；粉粒含量为42.8%~55.2%，相对较低；而黏粒含量变化较大，

在13.3%和41.2%之间。而其他地区的软土中黏粒和粉粒占80%以上。从地域特点来看,南方沿海城市的软土黏土含量普遍比北方要高,土颗粒吸附结合水的能力更强,体现在物理力学指标上,就是塑性指数更高、渗透系数更低。宁波的软土颗粒组成与上海的软土最为接近。洞庭湖地区的软土颗粒成分与鄱阳湖的类似。

湖冲积相土样中小于75 μm的颗粒含量较高,采用颗分方法难以鉴定其具体含量。因此,本次研究采用BT-9300H型激光粒度仪对试样颗粒粒径进行分析。结果表明,软土粒径范围主要在50 μm以下,含量为76.05%。其中,10 μm～50 μm的约占43.47%,5 μm～10 μm的约占13.63%,2 μm～5 μm的占12.51%,小于2 μm的占6.44%,说明整个软土以细颗粒为主,这与湖相和洪泛积相的形成历史相符。

在矿物成分上,鄱阳湖区软土与滨海相软土有所不同,主要以石英为主,而其他大部分软土以伊利石为主。洞庭湖区软土与鄱阳湖区软土类似,说明湖相软土被河流冲刷,含砂量较大。选择鄱阳湖区水利枢纽闸址的不同软土进行矿物成分分析,绘制矿物成分与深度的关系散点图(图4.12)。

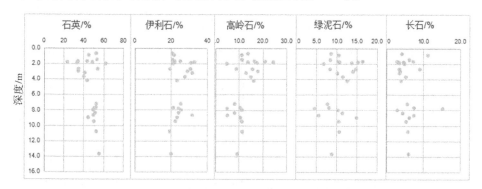

图4.12　鄱阳湖区典型软土矿物成分与深度的关系散点图

从图中可以看出,随着深度的增加,石英含量有增加的趋势,伊利石、高岭石含量有减少的趋势,而绿泥石及长石含量基本保持不变。

4.1.4　鄱阳湖区典型软土的空间变异性研究

4.1.4.1　广义耦合马尔可夫链模型

广义耦合马尔可夫链模型是在传统耦合马尔可夫链模型的基础上发展而

来的。该模型有效地克服了传统模型的缺点,不仅能够考虑各方向上的非平稳性,而且计算效率高,能够有效地模拟多种类型土体的随机分布。为便于读者理解,简要介绍该模型基本理论。

广义耦合马尔可夫链的转移方式是从未知状态的单元转移至已知状态的单元。在一维空间中,待估计单元为 Z_1,假定其状态为 S_i,转移至已知状态为 S_j 的单元 Z_2 处的概率定义为转移似然函数 $\pi_i(S_j)$。根据贝叶斯定理,转移似然函数 $\pi_i(S_j)$ 可由以下公式计算:

$$\pi_i(S_j) = P(Z_2 = S_j | Z_1 = S_i) = \frac{P(Z_1 = S_i, Z_2 = S_j)}{P'(Z_1 = S_i)}, i = 1, \cdots, n. \quad (4.1)$$

式中:n 为总的状态数目;标准化常数 $P'(Z_1 = S_i)$ 为单元 Z_1 出现状态 S_i 的先验概率,该概率可由前一阶段各状态的比值确定,并在计算过程中不断更新。为了考虑方向的非平稳性,似然函数表示为两个子方向转移概率的形式。对公式(4.1)的分子部分进行几何平均,可表示为:

$$\pi_i(S_j) = \frac{\sqrt{P(Z_2 = S_j | Z_1 = S_i)P(Z_1 = S_i)} \cdot \sqrt{P(Z_1 = S_i | Z_2 = S_j)P(Z_2 = S_j)}}{P'(Z_1 = S_i)},$$

$$i = 1, \cdots, n. \quad (4.2)$$

其中,沿方向 1 和反方向 2 的 r 步转移概率可分别表示为:

$$
{}^1P^{(r)} = \begin{bmatrix} {}^1p_{11}{}^{(r)} & {}^1p_{12}{}^{(r)} & \cdots & {}^1p_{1n}{}^{(r)} \\ {}^1p_{21}{}^{(r)} & \cdots & \cdots & \cdots \\ \vdots & \vdots & \vdots & \vdots \\ {}^1p_{n1}{}^{(r)} & \cdots & \cdots & {}^1p_{nn}{}^{(r)} \end{bmatrix}, \quad {}^2P^{(r)} = \begin{bmatrix} {}^2p_{11}{}^{(r)} & {}^2p_{12}{}^{(r)} & \cdots & {}^2p_{1n}{}^{(r)} \\ {}^2p_{21}{}^{(r)} & \cdots & \cdots & \cdots \\ \vdots & \vdots & \vdots & \vdots \\ {}^2p_{n1}{}^{(r)} & \cdots & \cdots & {}^2p_{nn}{}^{(r)} \end{bmatrix}.
$$

$$(4.3)$$

在上述矩阵中,左上标表示向前(子方向1)和向后(子方向2)转移;右上标 r 表示转移步数,其中 ${}^1P^{(r)} = \prod_{n=1}^{r} {}^1P, {}^2P^{(r)} = \prod_{n=1}^{r} {}^2P$。将公式(4.3)中的转移概率矩阵带入公式(4.2)中,可得:

$$\pi_i(S_j) = \frac{\sqrt{{}^1p_{ji}{}^{(d1)} \cdot {}^2p_{ij}{}^{(d1)} \cdot m_i \cdot m_j}}{m'_i}, i = 1, \cdots, n. \quad (4.4)$$

式中:${}^1p_{ji}{}^{(d1)}$ 和 ${}^2p_{ji}{}^{(d1)}$ 分别为 $d1$ 步转移概率矩阵中 (j, i) 和 (i, j) 处的单元;m_i 和 m_j 分别为状态 S_i 和 S_j 的边缘分布;m_i' 为计算过程中间阶段状态 S_i 所占的

比例。

二维情况下存在 4 个子方向,假定各子方向的马尔可夫链相互独立,其条件概率可表示为:

$$\pi_i(S_j) = \frac{\prod_{k=1}^{4} \frac{\sqrt{p_{ki}^{(dk)} \cdot p_{ik}^{*(dk)} \cdot m_i \cdot m_{S(k)}}}{m'_i}}{\sum_{l=1}^{n} \prod_{k=1}^{4} \frac{\sqrt{p_{kl}^{(dk)} \cdot p_{lk}^{*(dk)} \cdot m_l \cdot m_{S(k)}}}{m'_l}}, i = 1, \cdots, n. \quad (4.5)$$

式中:k^* 为 k 的互补指标(即 $k \rightarrow k^*$:$1\rightarrow2, 2\rightarrow1, 3\rightarrow4, 4\rightarrow3$)。同样,$m_{S(k)}$ 表示在 k 子方向对应状态的边缘分布;分母为校正系数,确保 π_i 的和为 1。

4.1.4.2　各方向转移概率矩阵的估计方法

在进行地层变异模拟前,首先需求出广义耦合马尔可夫链模型中 4 个方向的转移概率矩阵,包括竖直两方向(竖直向下和向上)以及水平两方向(水平向左和向右)的转移概率矩阵。本节将讨论如何估计各方向的转移概率矩阵。

(1)竖直两方向转移概率矩阵估计的统计方法

由于竖直方向具有连续的样本信息,竖直两方向的转移概率矩阵可根据钻孔资料由统计方法直接估计得到,竖直向下和向上的转移概率 $^1p_{rk}^v$、$^2p_{rk}^v$ 可由以下公式分别进行计算:

$$^1p_{rk}^v = \frac{^1T_{rk}^v}{\sum_{f=1}^{m} {^1T_{rf}^v}}, \quad ^2p_{rk}^v = \frac{^2T_{rk}^v}{\sum_{f=1}^{m} {^2T_{rf}^v}}. \quad (4.6)$$

式中:$^1T_{rf}^v$ 和 $^2T_{rf}^v$ 分别为竖直方向上某一状态 S_r 向下和向上转移到状态 S_k 的转移数目。

(2)水平两方向转移概率矩阵确定的极大似然估计方法

由于实际地质勘探中钻孔空间分布的稀疏性,水平方向没有连续的样本信息,因此该转移概率矩阵无法通过统计方法直接估计。为此,本节在广义耦合马尔可夫链的基础上,提出了间接估计水平两方向转移概率矩阵的极大似然估计方法。根据 Walther 相序定律的假设,水平方向上的转移过程与竖直向下方向上的转移过程保持一致,但规模要大于竖直向下方向。这意味着,水平向右和向左转移计数矩阵 $^1T^h$、$^2T^h$ 与竖直向下转移计数矩阵 $^1T^v$ 满足以下关系:

$$
{}^1T^h = \begin{bmatrix}
K_1 \cdot {}^1T^v_{1,1} & {}^1T^v_{1,2} & \cdots & {}^1T^v_{1,m-1} & {}^1T^v_{1,m} \\
{}^1T^v_{2,1} & K_1 \cdot {}^1T^v_{2,2} & \cdots & {}^1T^v_{2,m-1} & {}^1T^v_{2,m} \\
\vdots & \vdots & \ddots & \vdots & \vdots \\
{}^1T^v_{m-1,1} & {}^1T^v_{m-1,2} & \cdots & K_1 \cdot {}^1T^v_{m-1,m-1} & {}^1T^v_{m-1,m} \\
{}^1T^v_{m,1} & {}^1T^v_{m,2} & \cdots & {}^1T^v_{m,m-1} & K_1 \cdot {}^1T^v_{m,1}
\end{bmatrix},
$$

$$
{}^2T^h = \begin{bmatrix}
K_2 \cdot {}^1T^v_{1,1} & {}^1T^v_{1,2} & \cdots & {}^1T^v_{1,m-1} & {}^1T^v_{1,m} \\
{}^1T^v_{2,1} & K_2 \cdot {}^1T^v_{2,2} & \cdots & {}^1T^v_{2,m-1} & {}^1T^v_{2,m} \\
\vdots & \vdots & \ddots & \vdots & \vdots \\
{}^1T^v_{m-1,1} & {}^1T^v_{m-1,2} & \cdots & K_2 \cdot {}^1T^v_{m-1,m-1} & {}^1T^v_{m-1,m} \\
{}^1T^v_{m,1} & {}^1T^v_{m,2} & \cdots & {}^1T^v_{m,m-1} & K_2 \cdot {}^1T^v_{m,1}
\end{bmatrix}.
$$

$$(4.7)$$

由公式(4.7)可得到水平两方向的转移概率矩阵：

$$
{}^1p^h_{rk} = \frac{{}^1T^h_{rk}}{\sum_{f=1}^{m} {}^1T^h_{rf}}, \quad {}^2p^v_{rk} = \frac{{}^2T^h_{rk}}{\sum_{f=1}^{m} {}^2T^h_{rf}}. \tag{4.8}
$$

可以看出，确定水平转移概率矩阵的关键在于确定参数 K_1 和 K_2，本文使用基于钻孔数据的极大似然估计方法估计水平两方向的转移概率矩阵。如图 4.13 所示，假设共有 Nb 个钻孔数据，选取 Nc 个钻孔作为条件信息，剩余钻孔视为观测信息。需要指出的是，为了有效地估计观测钻孔处的单元土体状态，观测钻孔应依次布置在条件钻孔之间。在给定参数 K_1、K_2 的情况下观测钻孔位置，在观测信息状态下，土体类型 S 的似然函数可表示为：

$$
L(S|K_1,K_2) = P(S_{i1},S_{i2}\cdots S_{iNz},S_{k1},S_{k2}\cdots S_{kNz},S_{l1},S_{l2}\cdots S_{lNz}|Data_{CI},K_1,K_2).
$$

$$(4.9)$$

式中：等式右边为给定条件信息和参数 K_1、K_2 的情况下观测钻孔位置出现 S 的联合概率。其中，观测信息状态下土体类型 S 包含 $[S_{i1},S_{i2}\cdots S_{iNz}]$，$[S_{k1},S_{k2}\cdots S_{kNz}]$ 和 $[S_{l1},S_{l2}\cdots S_{lNz}]$，它们分别为观测钻孔位置（如图 4.13 中的第 i、k、l 列）各单元对应的土体状态；$Data_{CI}$ 为条件信息，即条件钻孔位置对应的土体状态。由于各观测钻孔之间存在条件钻孔，根据马尔可夫性，观测钻孔中的土体状态仅与和它较近的条件钻孔内的信息有关，因此不同观测钻孔对应的土体状态相互独立，但同一观测钻孔内的各土体状态具有相关性。似然函数 $L(S|K_1,$

K_2)可表示为：

$$L(S \mid K_1, K_2) = \prod_{\xi} P(S_{\xi,1}, S_{\xi,2} \cdots S_{\xi,Nz} \mid Data_{CI}, K_1, K_2). \qquad (4.10)$$

式中：ξ 表示观测钻孔位置所在列（如图4.13中第 i、k、l 列）。根据条件概率公式，上式可进一步表示为：

$$L(S \mid K_1, K_2) = \prod_{\xi} \begin{bmatrix} P(S_{\xi,1} \mid Data_{CI}, K_1, K_2) \cdot P(S_{\xi,2} \mid S_{\xi,1}, Data_{CI}, K_1, K_2) \\ \cdot P(S_{\xi,3} \mid S_{\xi,1}, S_{\xi,2}, Data_{CI}, K_1, K_2) \cdots \\ P(S_{\xi,Nz} \mid S_{\xi,1}, S_{\xi,2} \cdots S_{\xi,Nz-1}, Data_{CI}, K_1, K_2) \end{bmatrix}.$$

$$(4.11)$$

根据马尔可夫链的性质，当前单元的状态只和距离最近的单元状态有关，则经过推导可得：

$$L(S \mid K_1, K_2) = \prod_{\xi} \begin{bmatrix} P(S_{\xi,1} \mid Data_{CI}, K_1, K_2) \cdot P(S_{\xi,2} \mid S_{\xi,1}, Data_{CI}, K_1, K_2) \\ \cdot P(S_{\xi,3} \mid S_{\xi,2}, Data_{CI}, K_1, K_2) \cdots \\ P(S_{\xi,Nz} \mid S_{\xi,Nz-1}, Data_{CI}, K_1, K_2) \end{bmatrix}.$$

$$(4.12)$$

理论上，式(4.12)右边各概率存在解析解，但该解析解的计算非常复杂，因此，本文采用蒙特卡洛方法求解。根据条件钻孔数据进行 N_{sim} 次广义耦合马尔可夫链模拟。由模拟结果统计得到观测钻孔各列第一个单元出现对应土体状态的次数 $N_{S_{\xi,1}}$，从而可得到 $P(S_{\xi,1} \mid Data_{CI}, K_1, K_2) = N_{S_{i,1}}/N_{sim}$。在观测钻孔所在列第一个单元出现对应土体状态的情况下，统计其所在列第二个单元出现对应土体状态的次数 $N_{S_{\xi,2}}$，从而可得到 $P(S_{\xi,2} \mid S_{\xi,1}, Data_{CI}, K_1, K_2) = N_{S_{i,2}}/N_{sim}$。依次得出式(4.12)右边各概率的数值解，从而可计算出似然函数 $L(S \mid K_1, K_2)$。

根据不同的 K_1 和 K_2 值将得到不同的 $L(S \mid K_1, K_2)$ 值，选择 K_1 和 K_2 值的依据是最大 $L(S \mid K_1, K_2)$ 值对应的参数 K_1 和 K_2 被认为是最可能的值。K_1 和 K_2 值的确定可转化为一个优化问题，即 $\max L(S \mid K_1, K_2)$。对此问题可采用优化算法求解，将最大 $L(S \mid K_1, K_2)$ 值对应的 K_1 和 K_2 值代入式(4.7)，可得水平方向转移计数矩阵，再由式(4.12)可得到水平两方向转移概率矩阵(图4.13)。

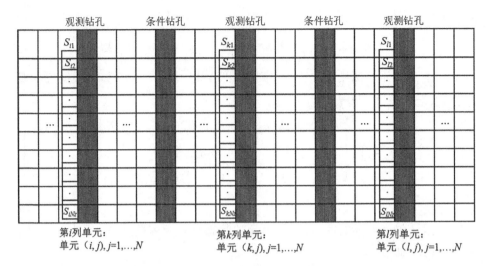

图 4.13　水平方向转移概率矩阵估计方案

4.1.4.3　基于信息熵的地层不确定性量化方法

为了对地层不确定性进行量化分析,在此采用信息熵方法。某个单元的不确定性大小可利用信息熵值来衡量:信息熵值越大表示该单元的不确定性越大,信息熵值越小表示该单元的不确定性越小。熵值在单元(i,j)处的计算公式如下:

$$H_{ij} = -\sum_{k=1}^{m} p_{ij}^{k} \ln \left(p_{ij}^{k} \right) \quad (i = 1, \cdots, N_x; j = 1, \cdots, N_z). \qquad (4.13)$$

式中:p_{ij}^{k}为单元(i,j)处出现状态k的概率;N_x, N_y分别为水平方向和竖直方向的单元个数。求出每个单元对应的信息熵值后,便可绘制熵值分布图。根据绘制的熵值分布图,可以直观地识别研究区域出现各种土体类型的不确定性大小。根据每个单元的熵值,可得到该地层的总信息熵值,计算公式如下:

$$TH = -\frac{1}{N_x \cdot N_z} \sum_{i=1}^{N_x} \sum_{j=1}^{N_z} H_{ij} \quad (i = 1, \cdots, N_x; j = 1, \cdots, N_z). \qquad (4.14)$$

由TH的值可对地层不确定性进行总体的量化。

4.1.4.4　基于广义耦合马尔可夫链的地层变异性模拟步骤

基于上述介绍,在此给出以钻孔数据为条件信息的广义耦合马尔可夫链蒙特卡洛模拟的具体步骤:

①确定地层剖面范围,选择合适的单元尺寸大小参数对其进行网格划分;

②根据所收集的钻孔数据,采用第 4.1.2 节给出的方法分别估计各方向上

的转移概率矩阵;

③检验研究区域钻孔内部的土体类型相互转移是否具有马尔可夫性;

④将钻孔和地表的地质信息映射至对应的单元中,作为已知条件信息,用于地层变异性模拟;

⑤产生一个随机模拟顺序,遵循该顺序,逐一模拟对应单元的土体类型。对于单元(i,j),首先搜索该单元各子方向上土体类型已知的单元,再根据式(4.5)得到该单元状态的条件概率分布πf,由该式$\sum_{f=1}^{k-1} \pi_f < u < \sum_{f=1}^{k} \pi_f, k = 2, \cdots, n$ 也可得到土体类型k,其中u为区间$[0,1]$上产生的均匀分布随机数,从而得到地层变异性一次实现。

重复步骤⑤,得到一系列的地层变异性实现,由式(4.14)计算总信息熵值。当该值收敛时,停止模拟。当模拟次数为N_{sim}时,其收敛准则为$COV(TH_t\text{-}N_{sim}, \cdots, TH_t) < 0.5\%$($t$为第$t$次实现)。

计算每个单元对应的信息熵值,绘出信息熵图,对地层模拟的不确定性进行量化。

4.1.4.5　工程实例分析

本文数据来源于鄱阳湖水利枢纽工程上闸址处的地质勘探资料。图 4.14 是本课题研究的场地范围及钻孔的平面布置图。该场地内包含了 14 个静力触探试验钻孔,其编号如图所示。由静力触探试验数据可获得钻孔内的土层分布信息。为方便分析,在此将高程固定在 7.62 m,对该高程以下的土层进行分析。图 4.15 给出了地层剖面钻孔所揭示的地层信息。由钻孔所揭示的地层信息可知,该场地包含了 3 种土体类型:淤泥质土、粉细砂和中粗砂,且各种土体类型相互嵌套,呈现出明显的变异性,采用传统的确定性地层划分方法将无法满足要求。

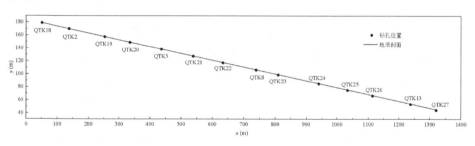

图 4.14　钻孔相对位置

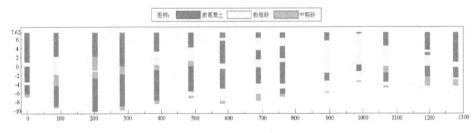

图 4.15　钻孔所揭示的地层信息

在对该区域进行地层变异性模拟前,首先要对该区域进行网格划分,单元大小为 $5\ m \times 0.3\ m$,广义耦合马尔可夫链模型大小为 $1280\ m \times 17.7\ m$。根据场地内 14 个钻孔所揭示的地层信息,由式(4.6)可得竖直向下和向上方向的转移概率矩阵,见表 4.7。由表 4.7 可知,此处向下和向上方向的转移概率矩阵存在差异,表明转移方向存在不平稳性。在采用广义耦合马尔可夫链模型对地层变异性进行随机模拟前,需检验钻孔所揭示的地层信息中土体类型之间相互转移是否具有马尔可夫性,首先计算马尔可夫性检验不同原假设和备选假设对应的统计量值,计算结果见表 4.8。由表可知,竖直两方向对应的 $^{0}\eta^{q}(q=1,2,3)$ 的值都大于 5% 显著性水平对应的临界值,而 $^{k}\eta^{q}(q=1,2,3;k<q\leqslant 3)$ 的值都小于 5% 显著性水平对应的临界值。由此可知,零阶马尔可夫链不能用于描述该地区的土体类型转移,而一、二阶马尔可夫链则可被接受。接下来需要判断一阶、二阶马尔可夫链哪个最优。当所采用的马尔可夫链最高阶数为三时,该地区竖直向下方向一阶、二阶马尔可夫链对应的损失函数值分别为 -65.64 和 -64.77,竖直向上方向一阶、二阶马尔可夫链对应的损失函数值分别为 -66.76,-65.08。可见,一阶马尔可夫链是该区域土体类型转移的最可能马尔可夫链。这表明广义耦合马尔可夫链模型适用于该地区地层变异性模拟。接着,采用 4.1.4.2(2) 节所提方法对水平方向转移概率矩阵进行估计。计算结果见表 4.9。

表 4.7　竖直方向转移概率矩阵

土体状态	竖直向下转移概率矩阵			竖直向上转移概率矩阵		
	1(淤泥质土)	2(粉细砂)	3(中粗砂)	1(淤泥质土)	2(粉细砂)	3(中粗砂)
1(淤泥质土)	0.950	0.020	0.030	0.970	0.010	0.020
2(粉细砂)	0.069	0.828	0.103	0.138	0.828	0.034
3(中粗砂)	0.105	0.026	0.868	0.143	0.071	0.786

表 4.8　竖直方向土体类型转移似然比检验

	竖直向下似然比统计量	竖直向上似然比统计量	自由度	5% 显著性水平临界值
$^0\eta^1$	709.80	711.12	4	9.49
$^0\eta^2$	732.93	733.44	6	12.59
$^0\eta^3$	740.16	740.36	52	69.83
$^1\eta^2$	23.13	22.32	12	21.02
$^1\eta^3$	30.36	29.24	48	65.17
$^2\eta^3$	7.23	6.92	36	186.15
$^3\eta^3$	0.00	0.00	0	0.00

表 4.9　水平方向转移概率矩阵

	竖直向下转移概率矩阵			竖直向上转移概率矩阵		
土体状态	1(淤泥质土)	2(粉细砂)	3(中粗砂)	1(淤泥质土)	2(粉细砂)	3(中粗砂)
1(淤泥质土)	0.993	0.003	0.004	0.991	0.003	0.005
2(粉细砂)	0.010	0.975	0.015	0.013	0.967	0.020
3(中粗砂)	0.015	0.004	0.981	0.020	0.005	0.975

　　根据计算所得转移概率矩阵以及钻孔信息,按照第 4.1.4 节所给的步骤对该区域进行地层变异性模拟。模拟次数可由总信息熵值是否收敛进行确定。图 4.16 给出了总信息熵值随模拟次数的变化。可见,当模拟次数较少时,总信息熵值变化幅度较大;当模拟次数达到 2000 后,总信息熵值基本保持稳定。为确保模拟的准确性,在此将模拟次数设定为 3000,其对应的总信息熵值为 0.509。根据经过 3000 次模拟后计算得到的各单元的信息熵值,可绘制出如图 4.17 所示的信息熵图。由图可知:距离已知土体类型单元越近的单元,其不确定性越小;反之,其不确定性越大。同时,不确定性区域往往出现于两种土层的交界处。当两钻孔揭示的土层信息差异越大,模拟的不确定性也越大。图 4.17 右下角的不确定性非常大,主要原因是水平方向的已知土体类型单元较少。为降低钻孔模拟的不确定性,可增加钻孔数目或钻孔深度以获得更多的已知信息。根据已有的信息熵图,可对重点关注区域增加已知地层信息。图 4.18 给出了该区域的两个地层的随机模拟结果。对比图 4.18(a)、图 4.18(b)可知,两次实现存在一些差异,主要原因是模拟的不确定性,但地层土体类型分布的总体趋势相似。

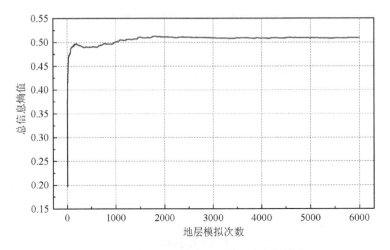

图 4.16　总信息熵值随地层模拟次数的变化

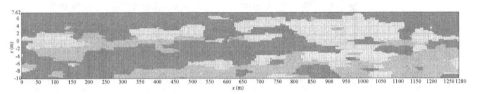

（a）地层土体类型实现 1

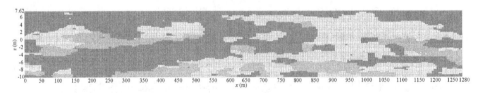

（b）地层土体类型实现 2

图 4.17　研究区域的两次地层实现

4.2　鄱阳湖区软土的基本物理力学性质

不同地区的软土,由于形成的原因不同,物理力学性质也存在较大差异,因而其工程特性也具有很大的区域性。即使同为湖相软土,其工程力学性质也存在很大的差异。目前,国内对软土的物理力学指标的研究主要集中在珠江三角洲、长江三角洲和天津、南海等地区,而对于内陆湖相软土缺乏系统、完整的研究,特别是对鄱阳湖区软土的土性指标分析较少,因此有必要对其物理力学指标进行统计分析。

4.2.1　鄱阳湖区软土物理力学指标统计

　　鄱阳湖区软土根据组成成分可分为淤泥、淤泥质黏土、泥质炭土和夹砂淤泥质土。处于全新世地层的软土,较厚处达 21 m;处于全新世地层的软土呈不同类型分布于鄱阳湖的各个区域,平均层厚小于 8 m。本次研究主要对鄱阳湖区 130 个不同位置的软土试样试验数据进行统计分析。选取的物理指标有天然密度、天然含水率、天然孔隙比、液限、塑限、塑性指数、液性指数;力学指标有压缩系数、压缩模量、内摩擦角、黏聚力。鄱阳湖区软土的主要物理力学指标见表 4.10。

表 4.10　鄱阳湖区软土的物理力学性质指标统计表

指标	样本容量 n/个	分布区间	平均值 u	标准差 σ	变异系数 δ
含水率/%	130	25.2 ~ 53.6	40.16	5.69	0.14
比重	130	2.67 ~ 2.72	2.70	0.01	0.01
湿密度/g·cm^{-3}	130	1.67 ~ 1.98	1.80	0.06	0.03
干密度/g·cm^{-3}	130	1.09 ~ 1.58	1.29	0.09	0.07
孔隙比	130	0.70 ~ 1.48	1.11	0.14	0.13
饱和度/%	130	84.3 ~ 100	97.46	3.15	0.03
液限/%	111	26.9 ~ 59.5	41.05	7.17	0.17
塑限/%	111	13.9 ~ 34.7	21.95	4.65	0.21
塑性指数	118	11.6 ~ 27.3	18.97	3.88	0.20
液性指数	118	0.39 ~ 2.2	1.03	0.38	0.37
压缩系数 $\alpha_{t0.1-0.2}$/MPa^{-1}	94	0.12 ~ 1.38	0.55	0.19	0.34
压缩模量 $E_{s0.1-0.2}$/MPa	94	1.01 ~ 9.35	3.86	1.23	0.32
黏聚力(快剪)/kPa	103	3 ~ 36	13.34	6.98	0.52
内摩擦角(快剪)/°	103	0.6 ~ 27.9	9.71	7.05	0.73
渗透系数 k20/cm·s^{-1}	78	1.88E-7 ~ 7.0E-5	7.76E-6	1.21E-5	1.55

从表中可以看出,鄱阳湖区软土具有以下特性:

(1)天然含水率高

天然含水率变化范围在 25.2% 和 53.6% 之间,统计均值为 40.16%,大于《公路软土地基路堤设计与施工技术规范》规定的软土鉴别指标值(>35%);液限变化范围在 26.9% 和 59.5% 之间,统计均值为 41.05%;塑限变化范围在 13.9 和 34.7 之间,统计均值为 21.95%;液性指数变化范围在 0.39 和 2.2 之间,统计均值为 1.03;塑性指数变化范围在 11.6 和 27.3 之间,统计均值为 18.97;土体饱和度变化范围在 84.3% 和 100% 之间,统计均值为 97.46%,基本接近饱和;软土大多属于低液限的淤泥质黏土或粉质黏土,处于流塑或软塑状态。

(2)天然密度小

软土比重变化在 2.67 g/m³ 和 2.72 g/m³ 之间,统计均值为 2.70 g/m³;湿密度的变化范围在 1.67 g/m³ 和 1.98 g/m³ 之间,统计均值为 1.80 g/m³;干密度的变化范围在 1.09 g/m³ 和 1.58 g/m³ 之间,统计均值为 1.29 g/m³。

(3)孔隙比大,压缩性高

鄱阳湖区软土的初始孔隙比变化范围为 0.70~1.48,均值为 1.11,符合《岩土工程勘察规范》中软土孔隙比大于等于 1.0 的规定;压缩系数 $\alpha_{t0.1-0.2}$ 的变化范围在 0.12 MPa⁻¹ 和 1.38 MPa⁻¹ 之间,统计均值为 0.55 MPa⁻¹,表明区内大多数软土属于高压缩性土;压缩模量 $E_{s0.1-0.2}$ 一般在 1.01 MPa 和 9.35 MPa 之间,统计均值为 3.86 MPa。大多数软土属于高压缩性土,压缩系数往往随含水率、孔隙比、液限的增大而增大。而密度小、压缩性大的软土,在实际工程中沉降往往较大。

(4)抗剪强度低

通过室内快剪试验可知,研究区软土的抗剪强度整体较低。研究区软土黏聚力的统计范围在 3 kPa 和 36 kPa 之间,统计均值为 13.34 kPa;内摩擦角的变化范围在 0.6° 和 27.9° 之间,统计均值为 9.71°。

(5)渗透系数变化大,结构性强

研究区软土的渗透系数在 1.88E-7~7.0E-5,关系到 3 个数量级——10⁻⁵、10⁻⁶、10⁻⁷,反映了不同区域不同地层软土渗透系数相差较大的实际情况;渗透

系数统计均值为 1.56×10^{-5} cm/s,表明其渗透性相对较差,在荷载作用下,固结非常慢。当土中有机物含量较高时,渗透性更低。鄱阳湖区软土具有较强的结构性,一旦受到振动,结构很容易受影响,土的强度将明显降低,在实际工程中要注意采取相应的应对措施。

从鄱阳湖区软土的物理力学性质指标的变异系数统计值可知:区内软土比重、湿密度、干密度、饱和度分别为 0.01、0.03、0.07、0.03,均小于 0.10。因此,在用概率方法计算地基变形时,可不考虑土的比重、湿密度、干密度和饱和度变异性的影响。区内软土的其他物理力学指标(孔隙比、液塑限、黏聚力、内摩擦角、渗透系数)的变异系数均大于 0.10,说明这些指标对土体的取值、对软土的固结变形和剪切变形具有重要影响。特别是渗透系数的变异系数达到 1.55,明显人于其他指标的变异系数,因此在用概率方法计算地基的渗透变形特性时必须考虑渗透系数变异性的影响。

4.2.2　鄱阳湖区软土力学指标与物性指标关联性研究

根据研究区大量的工程实践以及试验结果,影响软土的压缩性能的物理指标主要是孔隙比、液限、塑限和含水率。因此,拟用数理统计方法分析软土的抗剪强度及压缩性能与土的物理力学指标之间的相互关系和分布规律,以供工程参考。

曲线拟合从给定的数据 (x_i, y_i) 出发,构造一个近似函数 $\phi(x_i)$,不要求函数完全通过所有的数据点,只要求所得的近似曲线能反映数据的基本趋势,记为 $\varepsilon_j = \phi(x_i) - f(x_i)$,$e = [\varepsilon_0, \varepsilon_1, \cdots, \varepsilon_n]^T$,通过要求 e 的 2 - 范数为:

$$\| e \|_2^2 = \sum_{i=0}^{n} \varepsilon_i^2 = \sum_{i=0}^{n} [\phi(x_i) - f(x_i)]. \tag{4.15}$$

e 的 2 - 范数取最小,要求误差(偏差)平方和最小的拟合称为曲线拟合的最小二乘法,具体可分为线性拟合、多项式拟合和指数拟合。

(1)天然含水率与天然孔隙比的关系

对鄱阳湖区天然含水率 ω 与天然孔隙比 e 进行线性回归分析,如图 4.18 所示。样本数为 130 个,$R^2 = 0.8976$,回归方程为:

$$e = 0.0233\omega + 0.1738. \tag{4.16}$$

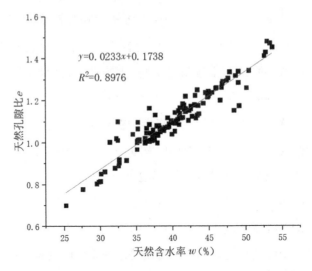

图 4.18　鄱阳湖区软土天然含水率与天然孔隙比的关系曲线

（2）界限含水率与天然含水率的关系

鄱阳湖区软土的界限含水率与天然含水率具有一定的关系。图 4.19 为液限与天然含水率的关系曲线。从图中可以看出，液限集中在 $\omega_L = 0.65\omega$ 到 $\omega_L = 1.36\omega$ 的区域内。液限与液性指数的关系如图 4.20 所示。从图中可以看出，液限 ω_L 与液性指数 I_L 呈线性关系。$R^2 = 0.4748$，回归方程为：

$$\omega_L = -0.0375I_L + 2.5785. \tag{4.17}$$

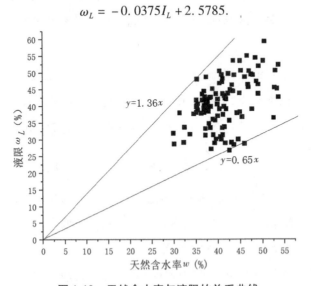

图 4.19　天然含水率与液限的关系曲线

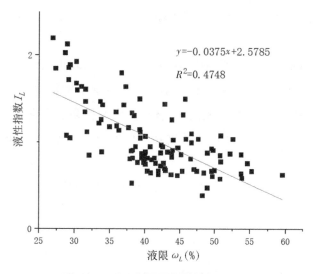

图 4.20 液限与液性指数的关系曲线

液限与塑性指数的关系曲线如图 4.21 所示。从图中可以看出,液限 ω_L 与塑性指数 I_P 的线性关系较好。样本数为 111 个,$R^2 = 0.6342$。线性回归方程为:

$$\omega_L = 0.4393 I_P + 1.0398. \tag{4.18}$$

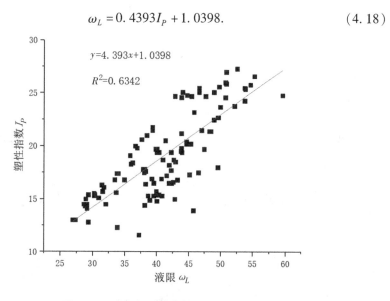

图 4.21 液限与塑性指数的关系曲线

(3)天然含水率、孔隙比与黏聚力的关系

软土的黏聚力和内摩擦角是决定土的强度特性的主要指标。鄱阳湖区软土的天然含水率和黏聚力、内摩擦角的关系,如图 4.22 所示。由图 4.22 可知,鄱阳湖区软土的抗剪强度指标黏聚力随着孔隙比及含水率的增加而呈减小的趋势。

以图4.22(a)为例,表明庐山市—都昌县一带的软土天然含水率 ω 与内摩擦角 φ 具有一定的线性关系:在含水率较低的情况下增加含水率时,试样的内摩擦角降低较快;当含水率增大到一定值时,内摩擦角随着含水率的影响程度降低。二者之间的二次拟合相关系数 $R^2 = 0.88582$,样本数为46,线性回归方程为:

$$\varphi = 0.0243\omega^2 - 2.705\omega + 94.254. \tag{4.19}$$

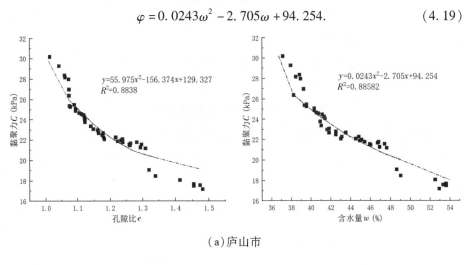

（a）庐山市

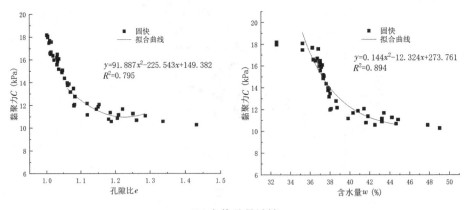

（b）永修县吴城镇

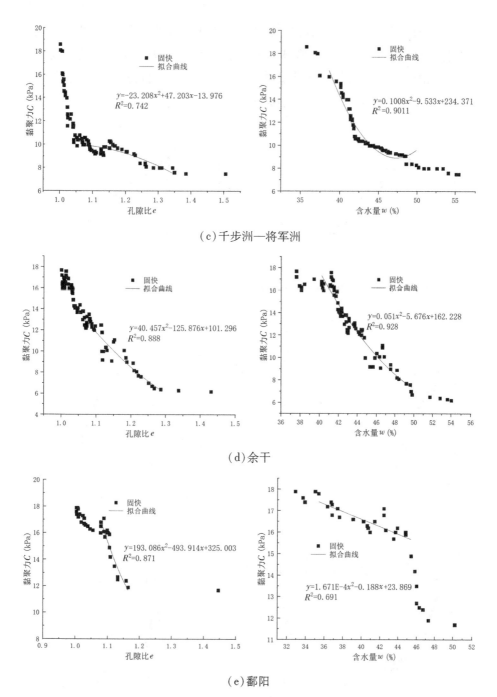

（c）千步洲—将军洲

（d）余干

（e）鄱阳

图 4.22　黏聚力与孔隙比及含水量的关系

（4）天然含水率、天然孔隙比与抗剪强度指标内摩擦角的关系

研究区各地软土的天然含水率 ω、天然孔隙比 e 与抗剪强度指标之间的关

系曲线如图 4. 23 所示。由图可知,鄱阳湖区软土的天然含水率、天然孔隙比与内摩擦角呈负相关关系,变化趋势基本趋于一致,即随着含水率及孔隙比的增大而逐渐减小。主要原因是含水量越大,土颗粒之间的自由水越多,在荷载作用下,颗粒的吸附力减小,更容易引起土体颗粒自由流动。

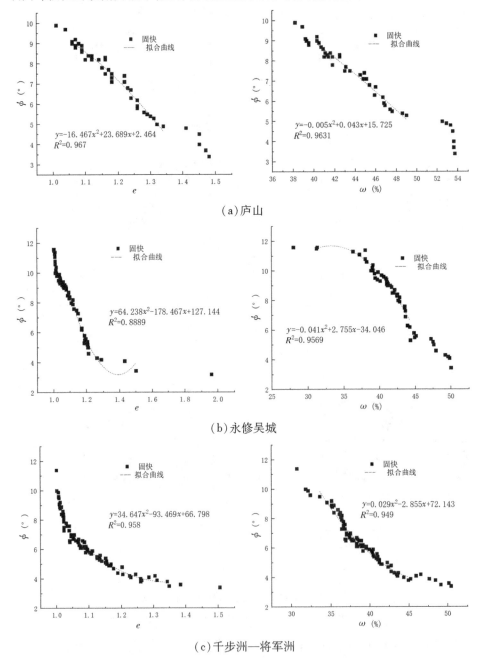

（a）庐山

（b）永修吴城

（c）千步洲—将军洲

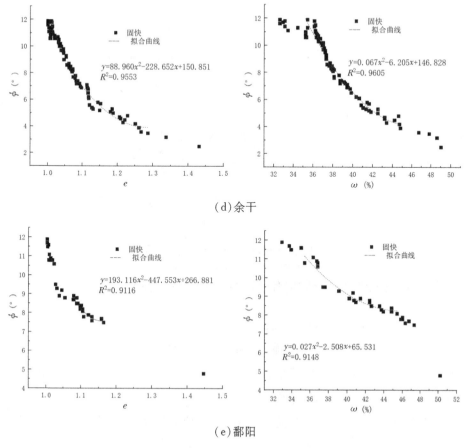

(d)余干

(e)鄱阳

图 4.23   天然孔隙比、天然含水率与内摩擦角的关系

（5）天然含水率、天然孔隙比与压缩模量的关系

图 4.24 所示为天然孔隙比与压缩模量之间的关系曲线。由图可见,鄱阳湖区软土的压缩系数与天然孔隙比的线性回归方程为:

$$a_{1-2} = 1.0986\omega - 0.6438. \tag{4.21}$$

式(4.21)中,压缩系数与天然孔隙比的相关系数 $R^2 = 0.0664$,样本数为 94。

图 4.24 为天然孔隙比 e 与压缩模量 E_s 的关系曲线。由图可知,压缩模量随着天然孔隙比的增大而有所减小,符合孔隙比越大、土样越松散、压缩模量越小的特点。二者的相关系数 $R^2 = 0.0664$,样本数为 94,其一元线性回归方程为:

$$E_s = 2.4143e + 6.4953. \tag{4.22}$$

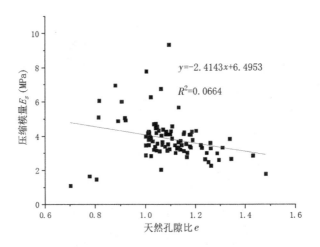

图 4.24　天然孔隙比与压缩模量的关系曲线

4.2.3　鄱阳湖区软土物理力学指标的概率分布模型

(1)概率分布模型的建立方法

建立概率模型前先要初步确定模型需要的参数。子样分布刻画中数据的分布情况,通常有 3 种形式:频数分布和频率分布、经验分布函数和直方图。直方图能直观地反映子样的分布规律,方法如下:

假定某参数的数量为 N,其最大值、最小值分别为 a、b,则可按下式划分区间:

$$M = 1 + 3.3 \lg N;\qquad(4.23)$$

$$\Delta = \frac{a + b}{M}.\qquad(4.24)$$

式中:M 为划分区间的个数;Δ 为区域长度。确定区间长度后,把子样值进行分组,如果子样($x_1, x_2, \cdots, x_n$)分成 l 组,可作分点 $a_1, a_2, \cdots, a_l$(各组组距可以不相等),把各组取为左开右闭区间,因而各组为$(a_0, a_1], (a_1, a_2], \cdots, (a_{l-1}, a_l]$。子样值落在各组中的频数为 $m_1, m_2, \cdots, m_l$,则频率为:

$$f_i = m_i / N.\qquad(4.25)$$

直方图由一些矩形构成,各矩形以组为底边,高等于相应组的频率除以组距。直方图中每一矩形的面积等于相应组的频率。观察直方图的形状,就可以初步确定参数的概率分布模型。

概率分布模型的假设检验。利用拟合优度检验的有限比较法,可以实现土工参数概率模型的优化拟合。有限比较法的选用原则是:当样本数 $n > 150$,可利用传统的检验方法确定最优概型,而不必考虑比较问题;当 $8 < n < 50$ 时,可用 K-S 比较法、C-M 比较法、A-D 比较法来确定最优概型;当 $50 < n < 150$ 时,可用 χ^2 比较法来确定最优概型。

本课题中软土土性指标样本数为 $50 \sim 150$,采用 χ^2 比较法来确定最优概型。

(1)偏度和峰值

根据中心极限定理可知,正态随机变量广泛地存在于客观世界。研究一连续型总体时,人们往往先考虑它是否服从正态分布。用来检验总体正态性的方法较多,但"偏度—峰度检验法"较为有效。偏度的公式为:

$$g_1 = \frac{n}{(n-1)(n-2)} \sum \left(\frac{x_i - \bar{x}}{s}\right)^3. \tag{4.26}$$

峰值公式为:

$$g_2' = \frac{n(n+1)}{(n-1)(n-2)(n-3)} \sum \left(\frac{x_i - \bar{x}}{s}\right)^4 - \frac{3(n-1)^2}{(n-2)(n-3)}. \tag{4.27}$$

式中:$s = \sqrt{\frac{1}{n-1}\sum_{i=1}^{m}(x_i - \bar{x})^2}$,$i = 1,2,\cdots,n$。

若一组数据的偏度、峰值都接近 0,则可以认为这组数据来自正态总体;若峰值为正,则表示与正态分布相比,其分布相对尖锐;若峰值为负,则表示与正态分布相比,其分布相对平坦。

(3)鄱阳湖软土物理力学指标的概率分布模型

以鄱阳湖区软土的天然含水率为例,说明物理力学指标概率模型的建立步骤。将已经收集到的鄱阳湖软土天然含水率的样本 $N = 130$,$a = 53.6$,$b = 25.2$ 代入式(4.8)(4.9),计算可得:$M = 7.976$,$\Delta = 9.88$,即可将分布区间划分为 10 个。由于 $(a-b)/10 = 2.82$,因此将天然含水率区间长度间隔设为 2.82。由式(4.25)计算各区间内的频数和频率,结果见表 4.11。根据此表,可绘制出鄱阳湖区软土天然含水率的直方图,如图 4.25(a)。

表 4.11　鄱阳湖区软土天然含水率统计分析表

天然含水率 ω/%	25.2~28.07	28.07~30.94	30.94~33.81	33.81~36.68	36.68~39.55	39.55~42.42	42.42~45.29	45.29~48.16	48.16~51.03	51.03~53.6
频数 m_i	2	5	9	13	35	26	17	10	7	6
频率 f_i	0.015	0.038	0.069	0.100	0.269	0.200	0.131	0.077	0.054	0.046

观察鄱阳湖区软土天然含水率的直方图形状,可以初步确定其服从正态分布,平均值 $\bar{w} = 40.16\%$,标准差 $S_w = 5.69$ 。假设软土的天然含水率服从正态分布, $N(40.16, 5.69^2)$,根据表 4.8(a) 中的数据及 χ^2 卡方分布临界表,计算可得:

$$\chi^2 = \sum_{i=1}^{10} \frac{(m_i - np_i)^2}{np_i} = 11.56. \tag{4.28}$$

式(4.28)中, p_i 为以 F_x 分布函数的随机变量在区间 $(a_i, a_{i+1}]$ 上取值的概率, np_i 为理论频数。当 $n \geqslant 50$ 时,若 H_0 为真时,上式统计量近似服从 $(k-r-1)$ 分布。其中, r 为分布函数 $F(x)$ 中选定的参数的个数。本次统计 $k = 10, r = 1$,故在给定显著性水平 $\alpha = 0.05$ 的情况下,存在以下关系:

$$\chi^2 = 11.56 < \chi^2_{0.05}(k-r-1) = \chi^2_{0.05}(10-1-1) = \chi^2_{0.05}(8) = 15.51. \tag{4.29}$$

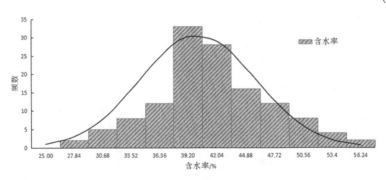

(a)含水率

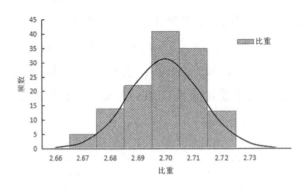

(b)比重

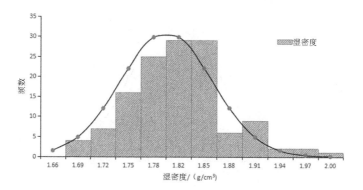

(c)湿密度

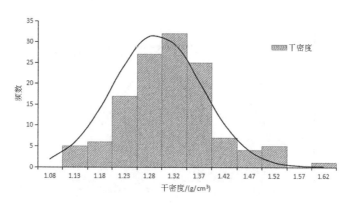

(d)干密度

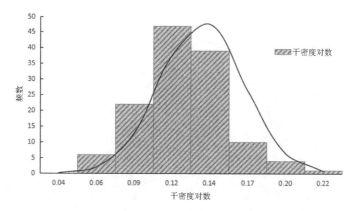

(e)干密度对数

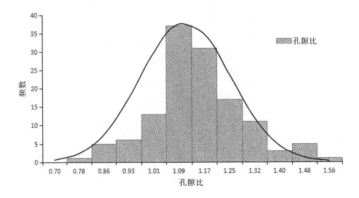

(f)孔隙比

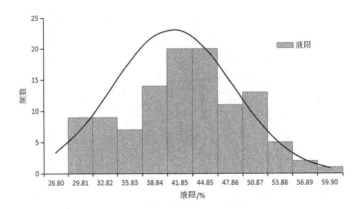

(g)液限

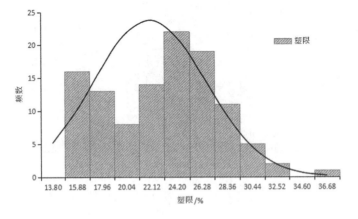

(h)塑限

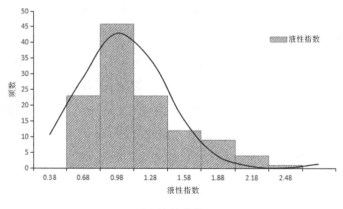

(i)液性指数

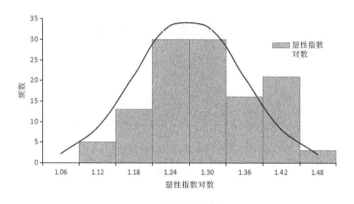

(j)塑性指数对数

图 4.25 鄱阳湖区软土物理参数分布图

式(4.29)说明,总体样本 X 的真实分布函数与 $F(x)$ 间接受 H_0,因此认为母体分布函数与总体分布函数 $F(x)$ 不存在显著差异,即鄱阳湖区软土的含水率服从正态分布(40.16,5.692)。

同理,对鄱阳湖区软土主要物理性质和力学性质作统计直方图,如图 4.25。从图 4.25(a)中含水率的分布直方图来看,鄱阳湖区软土的天然含水率分布正态曲线拟合较好,含水率位于 39.20% ~ 42.04% 的频数为 60,占频数分布图统计样本总量的 46.15% ;而图 4.25(b)中比重位于 2.70 ~ 2.71 的频数为 76,占频数分布统计样本总量的 58.46% ,与正态分布拟合曲线接近;图 4.25(c)中湿密度值在 1.78 g/cm³ ~ 1.85 g/cm³ 之间的频数为 83,占样本总数的 63.85% ,说明湿密度分布较为集中;图 4.25(d)中干密度位于 1.28 g/cm³ ~ 1.37 g/cm³ 的频数为 84,占样本频数总数的 64.62%;由图 4.25(f)中的孔隙比分布直方图可以看出,孔隙比主要集中在 1.09 和 1.17 之间,频数为 68,占统计样本总数的 52.31%,孔隙比分布正态拟合直线接近。图 4.25(g)~(i)分别为软土的液限、塑限和液性指数的分布直方图。从图中可以看出,三者均与正态拟合曲线较为接近。其中:液限集中分布于 41.85 和 44.85 之间,频数为 40,占样本总数的 36.04%;塑限集中于 24.20 ~ 压缩系数 26.28,频数为 41,占样本总数的 36.94%;液性指数主要分布在 0.68 和 1.28 之间,频数为 92,占样本总数的 77.97%。

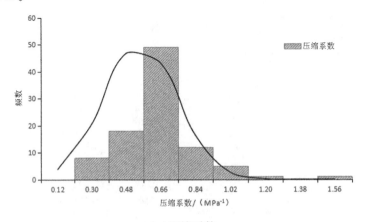

(a)压缩系数

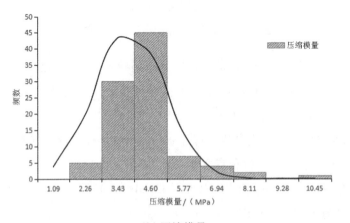

(b)压缩模量

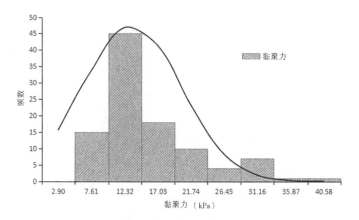

（c）饱和快剪黏聚力

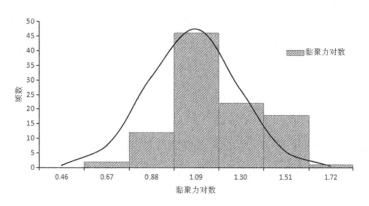

（d）饱和快剪黏聚力对数

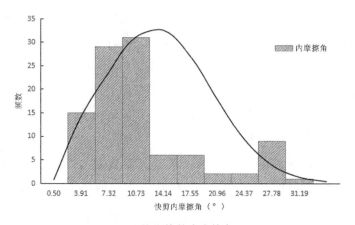

（e）饱和快剪内摩擦角

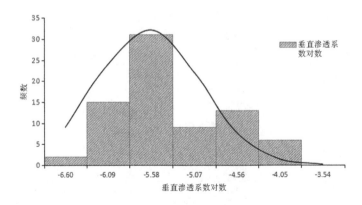

（f）垂直渗透系数对数

图 4.26　鄱阳湖区软土主要力学参数分布图

从图 4.26 可见，压缩系数主要分布于 0.48 MPa^{-1} ～ 0.84 MPa^{-1}，频数为 79，与正态拟合曲线有所偏离；而压缩模量集中分布于 3.43 MPa ～ 4.60 MPa，频数为 75；饱和快剪黏聚力主要分布于 12.32 kPa ～ 17.03 kPa，而黏聚力取值范围较大主要是因为区域范围较大，软土的矿物成分及含水量变化较大；饱和快剪内摩擦角主要集中于 3.91° ～ 10.73°这个较低的范围内，说明该区域饱和软土的抗剪强度较差。

根据式（4.26）及式（4.27），利用偏度和峰度来对总体分布进行正态性检验，仍以天然含水率为例，可以计算出鄱阳湖区软土的天然含水率偏度 $g_1 =$ 0.228，峰值 $g_2 = -3.080$。

由于正态分布的偏度为 0，两侧尾部对称。当 $g_1 = 0.228 > 0$ 时，为右偏态，说明鄱阳湖区软土含水率数据位于均值右边的多于左边，如图 4.25（a）所示，右边的尾部要短于左边的尾部。若 $g_1 < 0$，则定义为左偏态，说明土体参数数据位于左边的要多于右边。从直方图上可以看出，右边的尾部要比左边的尾部短。若 $g_1 = 0$，表明分布是正态对称分布。峰度与偏度相似，是表明分布曲线陡缓程度的统计量，当峰值 $g_2 < 3$ 时，说明样本数据分布与正态分布的陡缓程度相同；当峰值 $g_2 > 3$ 时，说明总样本分布曲线比正态分布曲线陡峭，反之，则实际样本数据分布曲线比较平坦。

根据式（4.26）和式（4.27），若假设总体样本数据为正态分布，当样本数 n 足够大时，由数理统计可得，偏度 G_1 和峰值 G_2 的矩估计量分别为 v_1 和 v_2。

$$G_1 = B_3/B_2^{3/2} = \sqrt{n} \sum_{i=1}^{n} (X_i - \bar{X})^2 / \left[\sum_{i=1}^{n} (X_i - \bar{X})^2 \right]^{3/2}; \qquad (4.30)$$

$$G_2 = B_4/B_2{}^2 = \sqrt{n} \sum_{i=1}^{n} (X_i - \bar{X})^4 / [\sum_{i=1}^{n} (X_i - \bar{X})^2]^2. \qquad (4.31)$$

且存在,

$$G_1 \sim N(0, \frac{6(n-2)}{(n+1)(n+3)}), \qquad (4.32)$$

$$G_2 \sim N(3 - \frac{6}{n+1}, \frac{24(n-2)(n-3)}{(n+1)^2(n+3)(n+5)}). \qquad (4.33)$$

设 $X_1, X_2, X_3, \cdots, X_n$ 是总样本中的个体,可以设 $H_0 : X$ 为正态总体,$H_1 : X$ 不是正态总体,并令:

$$\sigma_1 = \sqrt{\frac{6(n-2)}{(n+1)(n+3)}}, \quad \sigma_2 = \sqrt{\frac{24n(n-2)(n-3)}{(n+1)^2(n+3)(n+5)}},$$

$$\mu_2 = 3 - \frac{6}{n+1}, \quad U_1 = G_1/\sigma_1, U_2 = (G_1 - \mu_2)/\sigma_2.$$

当 H_0 为真且充分大时,近似有:

$$U_1 \sim N(0,1), \quad U_2 \sim N(0,1). \qquad (4.34)$$

根据统计学原理,偏度 G_1 和峰值 G_2 分别收敛于矩估计量 u_1 和 u_2,故 H_0 的拒绝域为:

$$\left.\begin{array}{c} |u_1| \geqslant k_1 \\ |u_2| \geqslant k_2 \end{array}\right\}. \qquad (4.35)$$

其中 k_1, k_2 由下式确定:

$$\left.\begin{array}{c} P_{H_0}\{|U_1| \geqslant k_1\} = \dfrac{a}{2} \\ P_{H_0}\{|U_2| \geqslant K_2\} = \dfrac{a}{2} \end{array}\right\}. \qquad (4.36)$$

取显著性检验水平 $a = 0.1$,以样本数 130 为例,从 t 分布临界值表可查到其拒绝域:

$$|u_1| = \left|\frac{g_1}{\sigma_1}\right| \geqslant z_a/4 = 1.978, \qquad (4.37)$$

$$|u_2| = \left|\frac{g_2 - u_2}{\sigma_1}\right| \geqslant z_a/4 = 1.978. \qquad (4.38)$$

根据以上检验方法,对鄱阳湖区软土的参数进行偏度、峰值假设检验,结果如表 4.12 所示。

表 4.12　鄱阳湖区软土物性指标概率分布统计表

物性指标	平均值 u	方差 σ	偏度 G_1	峰值 G_2	$\vert u_1 \vert$	$\vert u_2 \vert$	正态检验	检验结果
含水率/%	40.158	5.710	0.228	3.080	1.087	0.311	接受	正态分布
比重	2.700	0.013	−0.420	2.626	1.999	0.808	拒绝	近似正态
天然密度 /g·cm^{-3}	1.800	0.056	0.369	3.527	1.760	1.413	接受	正态分布
干密度	1.291	0.088	0.377	3.825	1.789	2.139	拒绝	近似正态
干密度对数	0.110	0.029	0.115	3.622	0.544	1.642	接受	正态分布
孔隙比	1.111	0.141	0.160	3.834	0.762	2.170	拒绝	近似正态
液限/%	41.046	7.200	0.034	2.489	0.149	1.053	接受	正态分布
塑限/%	21.951	4.667	0.021	2.355	0.094	1.361	接受	正态分布
液限指数	1.025	0.385	1.070	3.657	4.866	1.672	拒绝	近似正态
塑性指数对数	1.269	0.088	0.124	2.181	0.562	1.815	接受	正态分布
压缩系数 /MPa^{-1}	0.554	0.190	0.719	6.563	2.939	7.767	拒绝	非正态
压缩模量 /MPa	3.863	1.236	1.444	7.673	5.902	10.146	拒绝	非正态
黏聚力/kPa	13.344	7.014	1.280	3.972	5.410	2.276	拒绝	非正态
黏聚力对数	1.073	0.210	0.253	2.972	1.068	0.067	接受	正态分布
内摩擦角/°	9.713	7.087	1.220	3.856	5.155	2.020	拒绝	非正态
垂直渗透系数/cm·s^{-1}	7.048E-06	1.217E-05	2.996	13.655	11.088	21.061	拒绝	非正态
垂直渗透系数对数	−5.610	0.621	0.486	2.403	1.798	1.018	接受	正态分布

从表 4.12 可见,含水率、天然密度、液限、塑限均符合正态分布。比重、干

密度、孔隙比、液限指数因$|u_1|$或$|u_2|$小于显著性检验水平的拒绝域,而呈近似正态分布。而压缩系数、压缩模量、黏聚力、内摩擦角、垂直渗透系数均呈非正态分布,反映了鄱阳湖区软土种类多,埋藏深度不一样,导致其力学性质偏离正态分布的偏度$G_1 = 0$或峰值$G_2 = 3$较大,它们的$|u_1|$或$|u_2|$位于拒绝域内,频数分布曲线与正态拟合曲线相差很大,为非正态分布。而干密度、黏聚力、塑性指数、垂直渗透系数等参数取对数后符合正态分布,其$|u_1|$和$|u_2|$均小于对应的显著性水平拒绝域,位于拒绝域之内,表明总体样本与真实差异较小。如垂直渗透系数的偏度$G_1 = 2.996$远大于0,且峰值$G_2 = 13.655$远大于3,偏度和峰度均偏离正态分布。$|u_1| = 11.088$,$|u_2| = 21.061$,均远大于1.96。取对数后,偏度$G_1 = 0.286$和峰值$G_2 = 2.403$分别接近正态分布的偏度0和峰值3,拒绝域$|u_1| = 1.798$和$|u_2| = 1.018$均小于显著性检验水平$\alpha = 0.1$的拒绝域1.992。

软土重度的偏度和峰值都接近0,说明这组数据来自正态总体。按照以上方法,经统计分析及检验,鄱阳湖区软土的主要物理力学性质指标概率分布模型检验结果见表4.12。从表4.12中可以看出,鄱阳湖软土的重度、液限、缩限、塑性指数、液性指数符合正态分布;含水率、孔隙比、黏聚力(快剪)接近正态假设检验结果,近似正态分布;压缩系数、压缩模量、固结系数对数符合正态分布;饱和度、摩擦角与正态假设检验结果相差较大,不符合正态分布。

4.3 鄱阳湖区软土结构性特性研究

4.3.1 鄱阳湖区软土的结构性及工程意义

软土的结构性,是指软土颗粒和孔隙的性状和排列方式及颗粒之间的相互作用。绝大多数天然土都有一定的结构性,软土由于特定的历史条件和矿物成分,同样具有结构性,其结构类型有着自身的特点。这种结构性对土的工程性质有很大的影响,一般来说,颗粒结构越紧密,软土的结构强度越高。在工程中,结构性土地基往往会在缺乏预兆的情况下,产生突然性破坏。研究软土的结构性,对软土地区的结构物设计、软基加固设计有着重要的意义。沈珠江院士认为,土的结构性是影响土力学特性诸要素中一个最为重要的要素,这是"21世纪土力学的核心问题"。本课题从宏观力学试验出发,制作 SEM 图像并对其进行分析和研究,以期为鄱阳湖区软土的结构性做一些探索性研究。

4.3.2 鄱阳湖区软土的宏观力学试验

湖相软土在江西省鄱阳湖区广泛分布。由于沉积历史、地下水位变化的影响，这些软土多数为非饱和土。以往的学者对滨海相、沼泽相非饱和软土研究得较深入，上海、天津、珠海等地还形成了一些地方规范或规定。虽然利用地方经验可以解决一些软土工程问题，但对于局部的湖相沉积区域和河湖交互沉积区域，滨海相软土的强度参数不适用。在进行非饱和土三轴抗剪试验时可以通过设定不同的围压来模拟不同深度的软土的应力环境。目前，它已成为研究非饱和软土剪切变形问题的重要手段之一。早期学者们多采用直剪试验或常规三轴试验，来分析不同围压的剪切特性。但对于有结构面的土，剪切面是固定的。而 GDS 三轴试验可以设定基质吸力及应力路径以符合现实工况，可以更好地研究非饱和软土的强度问题。

目前，学者们提出了多种方法来提高三轴试验的效率。一种方法是通过采用可控吸力的非饱和土三轴仪来改变基质吸力，从而减少实验误差，提高参数精度。但三轴试验施加的中间应力和最小主应力是轴对称的，不能反映实际工程中的近似平面问题。另一些方法则是通过改进非饱和土的剪切强度理论，探索 3 个有效主应力及参数的计算方法。时雨等通过开展复杂工况条件下三轴剪切试验，对某非饱和软土的三轴抗剪特性进行了深入分析。叶为民等采用等加载速率对上海软土开展了三轴试验，提出了该地区的抗剪强度计算公式。Yin 等采用恒加载速率和蠕变三轴试验，基于各向异性的概念，提出了一种新的软土弹性模型，并对模型参数进行了讨论。陈晓平等通过蠕变试验和理论分析，研究了珠江三角洲软土的时空变形效应和工程特性。鄱阳湖区软土由于每年的水位变化大，并在汛期受长江水倒灌沉积的影响，具有河湖相交互沉积的特征，因此，其抗剪强度与气候、洪泛、成因历史密切相关。以往的软土研究多针对滨海相软土，不能解释河湖相交互沉积或地下水位变化引起的湖相软土的强度特性。

通过对浅表层新软土采用低基质吸力和低围压、对深层软土采用高基质吸力和高围压的方法，减少实验误差，从软土受力历史出发，基于力学条件一致，建立控制基质吸力条件下的三轴试验。同时根据非饱和土的双应力强度理论，分析湖相软土的强度参数，使各区域受力力学性质一致，以达到与实际工况相

符的效果。通过强度理论分析,提出研究区软土抗剪强度的计算公式,为湖相
软土的工程特性研究提供依据。

(1)鄱阳湖区软土的空间特征

鄱阳湖是中国最大的淡水湖。近年来,鄱阳湖水位变化均在 10 m 左右浮
动,旱期湖水经湖口县流入长江,汛期长江水从湖口县倒灌鄱阳湖,加之近 300
年来的围堤造田运动,使区内软土类型众多,常见的主要有河床相、湖相、三角
洲相和沼泽相。为研究鄱阳湖区软土的力学参数变化规律,选取具有代表性的
河湖相交互沉积的深厚软土,开展了 DMAX-3C 衍射分析(CuKa,Ni)、常规试验
和十字板剪切试验等一系列试验。如表 4.13 所示,从浅部到深部划分为 Z_1,
Z_2,…,Z_n 地层,软土主要分布在 Z_2 和 Z_4 地层中,厚度分别为 8.2 m、4.3 m。
软土主要分为两层:第一层软土为淤泥质土,埋深为 0.5 m~8.7 m,上覆沙壤
土,下伏粉细砂;第二层软土为夹砂淤泥质土,埋深为 13.2 m~17.5 m,下伏为
中粗砂和卵石层。为研究软土的工程特性,选取 0 m~17.5 m 的软土试样进行
分析,主要物理指标随深度变化的试验结果见图 4.27。从图 4.27 中可以看出,
研究区 w,S_t,e,I_p,I_L 均与深度的加深呈非线性变化,具有空间变异性,表明其相
关性较低,反映了软土复杂的成因、历史和受力环境。因此,软土的强度试验应
综合考虑这些因素,利用双应力状态变量的非饱和强度理论,合理设置基质吸
力的大小及相应的应力路径开展湖相软土的试验研究。

表 4.13   鄱阳湖区典型土层的工程地质分层

分层	土类	深度/m	透水性质
Z1	沙壤土	0~0.5	弱透水层
Z2	淤泥质黏土	0.5~8.7	弱透水层
Z3	粉细砂	8.7~13.2	含水层
Z4	淤泥质黏土	13.2~17.5	弱透水层
Z5	卵石、黏土质砾石	17.5~32.5	含水层
Z6	黏土	32.5~41.0	微透水层
Z7	黏土质砾石	41.0~52.0	含水层

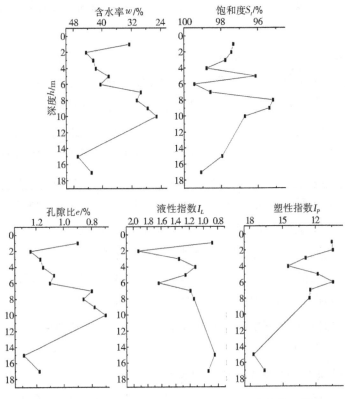

图4.27　研究区典型软土主要物性指标与深度的关系曲线

（2）强度理论与试验设计

通过对鄱阳湖区130份钻孔资料的试验数据统计分析,得知鄱阳湖区软土的平均含水率为40.2%,大多未达到饱和状态,因此鄱阳湖区软土多为非饱和土。由于软土的孔隙气压力 u_a 和孔隙水压力 u_w 之间存在一定的差值,即基质吸力 $(u_a - u_w)$,它使土颗粒之间的有效应力不再仅由颗粒骨架的粒间压力单独承担。而对于非饱和软土的抗剪强度理论,可以采用 Fredlund(1978)提出的非饱和土双应力变量抗剪强度公式:

$$\tau_f = c' + (\sigma - u_a)\tan(\varphi') + (u_a - u_w)\tan(\varphi^b). \qquad (4.40)$$

式(4.40)中: τ_f 为非饱和土的抗剪强度; c' 为饱和状态下的有效黏聚力; φ' 为饱和状态下的有效内摩擦角; $(\sigma - u_a)$ 为净围压; φ^b 是指吸力相关角。

需要指出的是:式(4.40)充分考虑了 τ_f 与 c'、$(\sigma - u_a)$、$(u_a - u_w)$ 的相关性,这些参数可以通过设置不同工况下的吸力条件,开展对应的三轴试验、直剪试验来获得。一般利用试验所获得的 $(\sigma - u_a)$ 与抗剪强度 τ 之间的关系曲线测出曲线的斜率即 $\tan\varphi'$，从而可求出 φ' 的值；通过作出 $(u_a - u_w)$ 与 τ 的关系曲线，可得到该曲线的斜率 $\tan\varphi^b$，进而可得到 φ^b 的值。本文依据此方法，对鄱阳湖区典型软土试样开展 GDS 三轴试验，设置了 4 种不同的基质吸力来研究其三轴抗剪强度。

①试验土样

在鄱阳湖水利枢纽上闸址的可行性研究勘察钻孔中均可见灰褐色淤泥质软土。考虑到地层上部、下部的软土在取样过程中受到的扰动程度比较大，我们利用环刀法在扰动较少的②−1 地层的土样中部取样，随后开展物理力学性质室内试验。软土的主要物理性质指标如表 4.14 所示。

表 4.14　软土的物理性质指标

平均含水率/%	湿密度/g·cm^{-3}	干密度/g·cm^{-3}	孔隙比 e	塑限 W_P/%	液限 W_L/%	黏聚力 c/kPa	内摩擦角 φ/°	压缩模量 E_s/MPa
40.2	1.78	1.24	1.18	44.7	36.6	25.3	1.9	2.62

试样被制作成半径为 19 mm、高度为 76 mm 的圆柱体重塑土样，制样的干密度应为 1.24 g/cm^3。固结试验前先用真空饱和器对试样抽气，之后将试样浸入密封水桶中 24 小时，使其达到饱和。抗剪强度试验有 UU、CU、CD 等多种方式，本次试验结合实际工况采用排水抗剪强度（CD）。试验中净围压分别设置为 100 kPa、200 kPa、300 kPa；基质吸力分别设置为 0 kPa（非饱和土的特殊工况）、50 kPa、100 kPa、200 kPa，共开展 12 组试验。

②试验方案

鄱阳湖软基工程主要为开挖换填或桩基施工，地下水位会随着工程排水而变化，基质吸力会在地下水位升降过程中发生变化，因此土体的剪切破坏主要是由基坑开挖、地下水位变形所导致的基质吸力变化引起的。因此，利用等加载速率加载方式，设计出固结排水剪（CD）分别对应软土受剪切破坏为主的实际工况。试验采用 STDTAS-HKUST 三轴试验系统进行。试验固结时间 $t = 72$ h，剪切速率 $v = 0.01$ mm/min。具体试验方案见表 4.15。

表 4.15　试验软土试验方案

加载方式	试验方法	基质吸力 U_s(kPa)	围压 σ (kPa)	净围压 $(\sigma - u_a)$(kPa)	组号
剪切破坏（应力控制式）	固结排水剪（CD）	0	100、200、300	100、200、300	S-1
		50	150、250、350	100、200、300	S-2
		100	200、300、400	100、200、300	S-3
		200	300、400、500	100、200、300	S-4

试验工况以 S-2 组三轴试验方案为例,该组模拟$(u_a - u_w)$为 50 kPa,$(\sigma - u_a)$分别设定为 100 kPa、200 kPa、300 kPa 的受荷工况。鉴于试验方法是固结排水剪,利用 GDSLAB 软件设置 $u_w = 0$ kPa,$u_a = 50$ kPa,法向应力$(\sigma - u_a)$分别设置为 100 kPa、200 kPa、300 kPa。等饱和度 B 检测达到 95% 以上后,开展等加载速率固结试验。试验停止依据:每 2 h 的压缩量小于或等于 0.01 mm;排水的稳定标准为每 2 h 的排水量不超过 0.012 mm³;排水及轴向位移都稳定,表示固结完成。在其他吸力条件下,操作与 S-2 组相同。

（3）试验结果分析

①吸力为定值工况下的抗剪强度

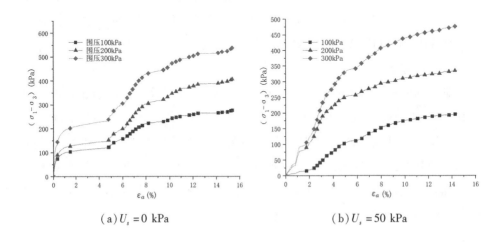

（a）$U_s = 0$ kPa　　　　　　　（b）$U_s = 50$ kPa

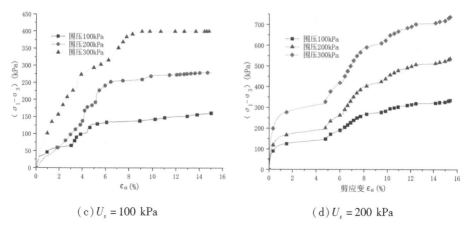

$(c) U_s = 100$ kPa　　　　　　$(d) U_s = 200$ kPa

图 4.28　基质吸力为定值时的偏应力—应变曲线

图 4.28 为基质吸力（$u_a - u_w$）一定时，不同轴压 σ_1 固结作用下软土的（$\tau -$ ε_a）关系曲线。图 4.28 中的（a）（b）（c）（d）是基质吸力分别为 0 kPa、50 kPa、100 kPa、200 kPa 时，在（$\sigma - u_a$）分别为 100 kPa、200 kPa、300 kPa 对应条件下的（$\tau - \varepsilon_a$）关系曲线。

由图 4.28 可知，在吸力为定值的情况下，τ 与（$\sigma - u_a$）呈正相关。鄱阳湖湖相软土偏应力—应变关系曲线在垂直应变 $\varepsilon_a < 8\%$ 时斜率较大，说明在加荷压密阶段，强度增大较快。当垂直应变 $\varepsilon_a \geqslant 8\%$ 以后，抗剪强度增长速度减慢，为消散固结阶段，表明该阶段土体在一定的强度作用下持续发生变形。这也说明在低基质吸力条件下，湖相软土具有蠕变特征；而在高基质吸力条件下，软土具有一定的硬化特征。

从图 4.28（a）中可以看出，基质吸力为 0 kPa 时，当垂直应变 $\varepsilon_a \leqslant 8\%$ 时，偏应力—应变关系曲线近似于斜直线；当垂直应变 $\varepsilon_a > 8\%$ 时，偏应力—应变关系曲线向近似水平直线转变，表明其由塑性变形转为蠕变。图 4.28（b）至图 4.28（d）分别是其他 3 种吸力条件下的偏应力—应变关系曲线，它们都具有垂直应变 $\varepsilon_a \leqslant 8\%$ 时抗剪强度增长速度降低的共同变化规律，这说明基质吸力增大，抗剪强度及应变均随之增加。

（3）净围压为定值工况下的抗剪强度

通过设置 GDS 三轴剪切试验的围压参数，比较分析相同围压的抗剪强度，可验证相同围压作用下不同基质吸力的应力—应变关系。试验结果如图 4.29 所示。同一地点取出的试样受到 3 种不同净围压（$\sigma - u_a$）的作用。试验结果表明,基质吸力 U_s 与抗剪强度 τ 呈正相关,即吸力值越高,抗剪强度越大。

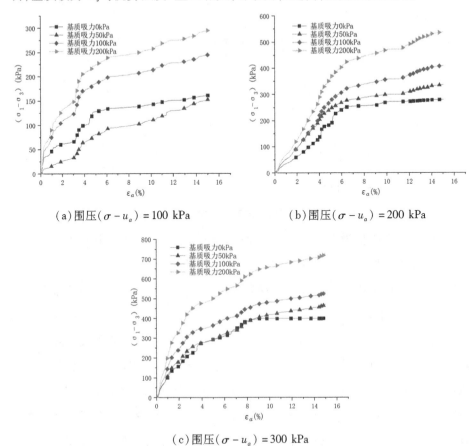

(a)围压 $(\sigma - u_a) = 100 \text{ kPa}$ (b)围压 $(\sigma - u_a) = 200 \text{ kPa}$

(c)围压 $(\sigma - u_a) = 300 \text{ kPa}$

图 4.29　围压为定值时的偏应力—应变关系曲线

如图 4.29,净围压为 100 kPa 时,湖相软土的偏应力 $(\sigma_1 - \sigma_3)$ 均与垂直应变 ε_a 呈正相关。总体上,低吸力值工况下达到相同垂直应变所需偏应力小于高吸力值作用下所需的偏应力;湖相软土垂直应变在初始加压阶段(约 $\varepsilon_a <$ 8%)快速增长,主要为加荷压密阶段(斜直线型);在持续加压后的消散固结阶段 $(\varepsilon_a \geq 8\%)$,剪应变增速放缓,偏应力—剪应变关系曲线表现为斜率较小的平缓曲线,为近水平线型,表现为塑性变形。

(4)非饱和土强度理论分析

结合定吸力值和定围压工况下的试验分析结果和《土工试验规程》(SL 237—1999)等相关规定,选择垂直应变 $\varepsilon_a \leq 15\%$ 时偏应力 $(\sigma_1 - \sigma_3)$ 的峰值作为破坏点,选取其作为最大主应力 $\sigma_{1\max}$,则可得到如表 4.16 所示的三轴试验剪切参数。

表4.16 鄱阳湖区湖相软土三轴试验剪切参数(单位:kPa)

样号	U_S	σ_3	$\sigma_3 - u_a$	σ_{1max}	$\sigma_{1max} - u_a$
S1 - 01	0	100	100	261.36	261.36
S1 - 02	0	200	200	480.23	480.23
S1 - 03	0	300	300	700.57	700.57
S2 - 01	50	150	100	348.08	398.08
S2 - 02	50	350	200	587.07	537.07
S2 - 03	50	350	300	849.59	119.59
S3 - 01	100	200	100	479.77	379.77
S3 - 02	100	300	200	710.05	610.05
S3 - 03	100	400	300	941.33	841.33
S4 - 01	200	300	100	637.07	437.07
S4 - 02	200	400	200	939.54	739.54
S4 - 03	200	500	300	1241.55	1041.55

依据上述鄱阳湖区软土 GDS 三轴剪切试验获得的数据,以($\sigma - u_a$)为横坐标,τ 为纵坐标,绘制出吸力为定值条件下 3 种不同净围压试验条件下的抗剪包络线;如图 4.30(a)至图 4.30(d)所示,通过叠加 4 个抗剪包络线,可以求得 4 种吸力工况下研究区软土的 φ 值和 c 值。

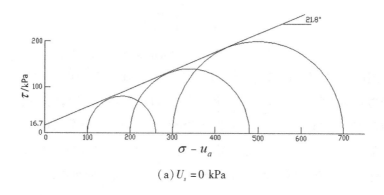

(a) $U_s = 0$ kPa

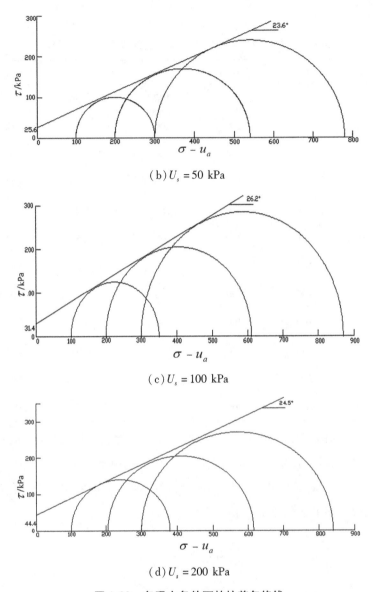

(b) $U_s = 50$ kPa

(c) $U_s = 100$ kPa

(d) $U_s = 200$ kPa

图 4.30　各吸力条件下的抗剪包络线

从图 4.30 可以看出,在基质吸力为 0 kPa、50 kPa、100 kPa 和 200 kPa 时,其总黏聚力 c 分别为 16.7 kPa、25.6 kPa、31.4 kPa 和 44.4 kPa,内摩擦角 φ 分别为 21.8°、23.6°、26.2° 和 24.5°。结合非饱和土双应力变量公式(4.40),先绘制出不同基质吸力 $(u_w - u_a)$ 与总黏聚力 c 的破坏包络线,如图 4.31 所示;再对该破坏包络线进行直线型拟合,该直线斜率即为 $\tan \varphi^b$,由此可求出基质吸力相关角 φ^b。由图 4.30 可知,$\varphi' = 21.8°$,$c' = 16.7$ kPa,$\varphi^b = 6.6°$,将这些参数代入公

式可得：

$$\tau_f = 16.7 + (\sigma - u_a)\tan(21.8°) + (u_a - u_w)\tan(6.6°). \qquad (4.39)$$

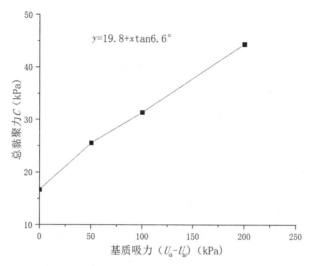

图4.31　鄱阳湖区典型软土破坏包络线

综上所述,当基质吸力为定值时,软土试样的垂直应变与偏应力呈正相关,在剪应变小于8%时,偏应力—应变曲线为斜直线,对应土体的加荷压密阶段,主要表现为土体颗粒之间孔隙被压密;当剪应变大于8%时,偏应力—应变曲线为近水平直线,对应土体的消散固结阶段,主要表现为土体颗粒被挤压密实;当偏应力增加到某一定值后,弹性变形转变为塑性变形。在定围压作用下,偏应力—应变关系曲线还表明,当基质吸力一定时,软土试样受剪切变形过程影响分为快速剪切和蠕变两个阶段。反映在三轴试验过程中,其表现为土体颗粒空隙被挤压,空隙减小,压力增大,颗粒骨架之间的表面张力起主导作用,阻止变形的力增大。

(5)小结

利用 GDS 三轴试验仪对不同基质吸力、不同围压作用下的软土进行固结排水剪切试验,结合 Fredlund 非饱和强度理论,分析了鄱阳湖区软土的三轴剪切特性,得出如下结论:

①鄱阳湖区软土的平均含水率为40.2%,具有非饱和土的特征;在等加载速率和定吸力条件下,鄱阳湖区软土的偏应力与围压呈正相关,即围压越大,偏应力越大;当土体饱和,垂直应变 $\varepsilon_a \leqslant 8\%$ 时,为加荷压密阶段,表现为弹性变形,$\varepsilon_a > 8\%$ 时为消散固结阶段,表现为塑性变形;当基质吸力增大后,抗剪强度

均经历快速增长和缓慢增长两个阶段,约在应变 $\varepsilon_a = 15\%$ 时达到峰值。

②在相同基质吸力工况和等加载速率工况下,鄱阳湖区软土的抗剪强度与围压呈正相关,说明研究区软土的埋藏深度或上部荷载的变化会对其抗剪强度产生重大的影响。

③根据 Fredlund 非饱和土强度理论,研究区典型软土的基质吸力为 0 kPa ~ 200 kPa 时,其内摩擦角为 21.8° ~ 26.2°,总黏聚力为 16.7 kPa ~ 44.4 kPa;其基质吸力相关角 $\varphi^b = 6.6°$,处于低吸力范围内。

④鄱阳湖区不同类型软土的基质吸力与工程特性对其抗剪强度的影响还有待进一步研究。

4.3.3 鄱阳湖区典型软土的固结特性

湖相软土的固结特性研究关系到长江经济带工程建设的安全与顺利实施,特别是对跨湖大桥、水利堤防、湖区环境治理等工程勘察设计至关重要。然而,以往的研究多集中于海相软土的固结特性方面,而湖相软土固结特性研究得较少,随着"一带一路"倡议的推进,湖相软土的工程特性研究越来越受到重视。本文结合鄱阳湖水利枢纽闸址可行性研究项目,对湖区典型软土在不同荷载下的固结特性进行试验研究,以为湖泊相沉积软基工程项目勘察提供科学参考。

(1)基本物理力学指标

拟建鄱阳湖水利枢纽闸址位于江西九江长岭至都昌屏峰之间,设计轴线总长 2993.6 m,拟设置 64 孔泄水闸。其中,孔口净宽 26 m 的常规泄水闸 60 孔,孔口净宽 60 m 的大孔泄水闸 4 孔,闸底板高程分别为 0 m、2 m 及 4 m。枢纽左岸设置 3 线单级船闸,船闸级别为 Ⅰ级。闸室有效尺寸为 280 m × 34 m × 5.5 m(长×宽×最小槛上水深)。规划通航标准为 2000 t 级。船闸规模按 Ⅱ(1)级航道标准通航 1 顶 4 驳 8000 t 级船队配套。闸室有效尺寸为 240 m × 34 m × 4.5 m。枢纽右岸并行布置 2 条鱼道:左侧鱼道为低水位鱼道,用于枯期(11 月 ~ 次年 3 月)上、下游水位较低时过鱼之用;右侧鱼道为高水位鱼道,用于汛后(9 月 ~ 10 月份)上、下游水位较高时过鱼之用。

鄱阳湖水利枢纽闸址湖相结构第四系地层从上至下依次为淤泥质黏土、粉细砂、淤泥质黏土、卵(砾)石、黏土、砾质黏土、灰岩、黏土质砾石等底层砾石,典型钻孔剖面及含水层划分见表 4.17。

表 4.17　鄱阳湖区水利枢纽闸址第四系含水层划分表

承压含水系统			深度/m	土层性质
第Ⅰ层含水层组	上段	弱透水层（Ⅰ-1）	0.5～8.7	淤泥质黏土
		含水层	8.7～13.2	粉细砂
	中段	弱透水层（Ⅰ-2）	13.2～17.5	淤泥和含砂淤泥
		含水层	17.5～32.5	卵石、黏土质砾石
	下段	微透水层（Ⅰ-3）	32.5～41.0	黏土
		含水层	41.0～52.2	砾质黏土
第Ⅱ层含水层组		不透水层	52.2～55.6	灰岩
		含水层	55.6～57.8	黏土质砾石

通过对鄱阳湖水利枢纽闸址原状土样的室内试验，获得了不同深度的典型土样的物理力学指标，如表 4.18 所示。试验结果表明，湖心岛地表有 1 m～2 m 的黏土层，下伏 8 m～25 m 的软弱土层，主要为淤泥和淤泥质土。根据其透水性指标，软土一般可分为两层弱透水层：第一层弱透水层为淤泥质黏土，埋深为 0.5 m～8.7 m；第二层弱透水层为淤泥和含砂淤泥，埋深为 13.2 m～17.5 m。地基土具有湖相沉积的"千层饼"特征，一般软土和粉细砂交错呈现，局部地段含有粉细砂透镜体。由于软土层的渗透系数一般小于其下方砂层的渗透系数的一个数量级，因此形成了天然的弱透水层。从表 4.18 可以看出，软土层的天然含水率大于 39%，孔隙比大于 1.07，呈软塑至流塑状，具有干缩效应。

表 4.18　鄱阳湖区典型软土物理力学指标

埋深 /m	含水量 ω/%	比重 G_s	湿密度 ρ /g·cm^{-3}	干密度 ρ /g·cm^{-3}	孔隙比 e	饱和度 S_r/%	液限 W_L	塑限 W_P	塑性指数 I_p	液性指数 I_L	压缩系数 /MPa^{-1}	渗透系数 /m^3	土样描述
2.0～2.3	47.6	2.71	1.73	1.17	1.308	98.6	34.1	22.3	11.8	1.50	0.689	2.95× 10^{-5}	淤泥质黏土
3.0～3.3	41.0	2.70	1.78	1.26	1.139	97.2	26.5	15.8	10.7	1.61	0.580	2.40× 10^{-5}	淤泥质黏土
4.0～4.3	45.9	2.71	1.75	1.20	1.259	98.8	24.1	13.9	10.2	2.13	0.618	—	灰黑色淤泥
5.0～5.3	39.5	2.71	1.81	1.30	1.089	98.3	25.4	14.9	10.5	1.60	0.588	—	灰黑色淤泥

续表 4.18

埋深 /m	含水量 ω/%	比重 G_s	湿密度 ρ /g·cm⁻³	干密度 ρ /g·cm⁻³	孔隙比 e	饱和度 S_r/%	液限 W_L	塑限 W_P	塑性指数 I_p	液性指数 I_L	压缩系数 /MPa⁻¹	渗透系数 /m³	土样描述
6.0~6.3	39.3	2.71	1.82	1.31	1.074	99.1	30.1	17.6	12.5	1.19	0.591	—	含砂淤泥
12.5~12.8	46.7	2.70	1.75	1.19	1.263	99.8	38.3	21.1	17.2	1.00	—	—	含砂淤泥
14.5~14.8	47.4	2.71	1.74	1.18	1.296	99.1	41.5	24.1	17.4	0.91	0.890	3.05×10⁻⁵	淤泥质黏土
16.4~16.7	46.0	2.71	1.75	1.20	1.261	98.9	40.9	23.8	17.1	0.88	1.056	0.228×10⁻⁵	淤泥质黏土

（2）软土固结试验

①试验土样及制备

固结试验采用 2.0 m~3.3 m 的灰黄色淤泥质黏土试样,其初始孔隙比为 1.25。试样的矿物成分中,原生矿物包括石英、长石类,约占 52%;次生矿物主要包括伊利石、高岭石和绿泥石,约占 48%;黏土矿物以伊利石（24.84%）、高岭石（12.48）等为主,蒙脱类（绿泥石）较少（10.60%）,伊利石含量大于绿泥石含量,表明该区域的软弱土层总体水稳性较好。

试验采用原状土样,按照 GB/T 50123—1999《土工试验方法标准》,用直径为 76.2 mm 和厚度为 20 mm 的环刀取样,测试样品的初始含水率;而后把试样放在水桶里静置 24 h,使土样达到饱和。

②实验仪器

试验采用南昌工程学院引进的 GDSACTS（GDS Advanced Consolidation Testing System）高级固结试验系统。该系统主要包括固结压力室、反压/轴压控制器、传感器、数据采集器和 GDSLAB 数据处理系统,如图 4.32 所示。其中土样放置在固结压力室中,环刀放入导环中,上下分别加上透水石和滤纸,通过反压/轴压控制器加压,由数据处理系统通过传感器及数值采集器自动收集记录试验数据。

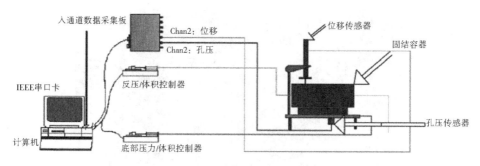

（a）高级固结仪 GDS 试验系统

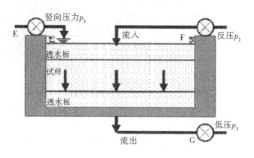

（b）试验原理

图 4.32 GDS 高级固结试验系统示意图

固结开始之前,先对土样进行反压饱和,通过轴压控制器施加反压 p_1,通过反压控制器施加反压 p_2,使两者之差保持在很小的范围之内,防止土样膨胀变形。本次试验采用 $\Delta p = p_1 - p_2 = 5$ kPa,每次反压饱和 2 h。为了保证土样达到饱和,采用饱和度 B 来进行控制,即当土样底部孔隙水压力 Δu 与轴压和反压差 Δp 之比大于或等于 0.95 时,就可以开始固结试验;当饱和度 $B < 0.95$ 时,在保持 $\Delta p = 5$ kPa 不变的情况下,增大 p_1 和 p_2,接着反压饱和 2 h,再计算饱和度 B 的值。当饱和度 $B \geqslant 0.95$ 时再开展试验。

扫描实验仪器采用日立公司生产的 S-3400N 型扫描电子显微镜(配能谱仪)系统(图 4.33)。

需要扫描的试样从剪切盒或压力室取出,利用钢丝锯和刀片切割时尽量避免扰动。图像分析工具采用南京大学开发的 PCAS(颗粒裂隙分析系统),并根据本课题研究的需要,重点考虑以孔隙度分维值 D_c、均形态系数 F、形态分布分开维数 D、定向概率熵 H_m 等 4 个参数作为主要研究对象。微观图像选取加压方向的剖面,并进行观察。对比分析不同固结压力下 4 个主要参数的变化。

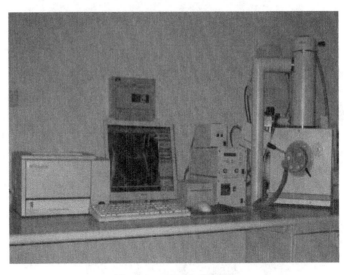

图 4.33　SEM 扫描电镜

③试验方案

为研究不同深度的软土的主固结及次固结特性,试验采用等应变速率方式,应变速率为 0.01 mm/min,保持反压 10 kPa 不变,以不同的轴压 p_1(60 kPa、110 kPa、210 kPa、410 kPa、810 kPa、1610 kPa)施加压力,保持 p_2(为 10 kPa)不变,施加时间达到 24 h 或变形基本保持不变 2 h 后,固结试验完成。为确保试验结果可靠,每组固结试验进行 3 个平行试验,应用数理统计方法对试验数据进行整理。

扫描试验样品选择原状土样,在南昌工程学院土工实验室分别开展固结试验(50 kPa、100 kPa、200 kPa、400 kPa、800 kPa、1600 kPa),实验完成后将压缩试样取出。为保证微观结构保持不变和试样水分彻底抽干,分别沿垂直和水平方向将试样切成小条,再进行真空低温处理;随后对土样进行二次喷金处理,提高试样的图像质量。在试验中应注意,土样的观察面应平行于加压方向自然展开,对分离面较平坦的一面进行观察,保证图像清晰,图像景深符合要求,以提高 SEM 分析的准确性。

(3)固结变形特性分析

①主、次固结变形特性分析

图 4.34 所示为等应变速率加载条件下典型土样的位移—时间对数曲线。从图中可以看出,在不同固结应力作用下,位移时间对数曲线(s-lg t)具有共同的阶段性变形特征,即第一阶段为抛物线段、第二阶段为斜直线段、第三阶段为

近水平线段。在第一阶段的抛物线阶段,各固结应力作用历时基本接近。在第二阶段的斜直线阶段,固结应力越大,斜率越大,说明此阶段最先完成固结。

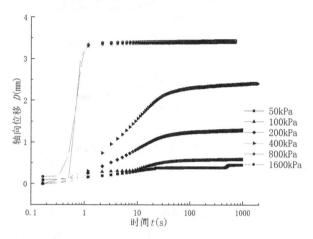

图 4.34　不同固结应力下的时间—变形曲线

6 组等应变固结试验中,固结应力越大,土样的最终变形量越大,固结应力为 800 kPa 与 1600 kPa 时,土样的最终变形量基本接近,说明当固结应力超过 800 kPa 时,试样主固结和次固结都能在相近的短时间内基本完成。从固结时间上看,在固结历时相同的情况下,固结应力越大,其压缩变形值越大。50 kPa、100 kPa、200 kPa、400 kPa、800 kPa、1600 kPa 等 6 组固结应力作用 24 h 之后,其最终固结变形值分别为 0.4651 mm、0.589 mm、1.3002 mm、2.4132 mm、3.4071 mm 和 2.4446 mm。这说明软土总固结随着固结应力或埋藏深度不断增加。但当固结应力超过 800 kPa 时,总固结增加幅度明显减小。

在鄱阳湖区工程实践中,经常出现深厚软土地基,导致出现上部构筑物变形过大和后期沉降量大的现象。从上述不同固结应力的固结变形特性来看,软土埋藏过厚或上部荷载过大的情况,有可能导致地基加速沉降。由于区内软土的沉积历史较长,固结沉降既有主固结,也有次固结,为研究其主、次固结特性,本文采用 Casagrande 图解法,作 e-lg t 固结试验曲线(如图 4.35),延长各固结应力作用下的第二阶段斜直线和第三阶段的近水平线,使其相交于一点,该点对应的时间即为主固结时间。

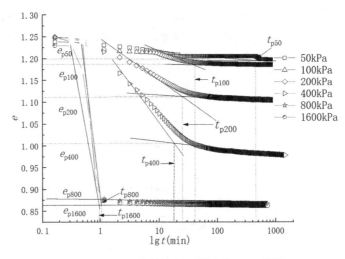

图 4.35　不同固结应力下软土的 e-$\lg t$ 曲线

从图 4.35 可见,随着固结应力的增大,主固结时间的大小关系是 $t_{p50} > t_{p100}$ $> t_{p200} > t_{p400} > t_{p800} > t_{p1600}$,说明固结应力越大,主固结时间 t_p 越短。在各级固结应力作用下的曲线线型也有所不同。随着固结应力的加大,主固结压缩量与总压缩量之比(主固结比)越大,次固结占比越小。因此,对于鄱阳湖软弱土层,主、次固结的作用时间及变形量占比有很大的不同。软土的这一工程特性,在地基固结沉降计算中具有重要的设计意义。

②次固结系数分析

次固结是反映软土在主固结完成之后的一段时间内仍然持续压缩变形的特性。人们常用次固结系数来研究软土的次固结,即:

$$C_{\alpha} = -\frac{\Delta e}{\lg t_2 - \lg t_1}. \tag{4.40}$$

式(4.40)中:C_{α} 是指次固结系数;Δe 是指孔隙比增加量;t_1 指主固结结束时间;t_2 指次固结结束时间。根据图 4.35 可知,鄱阳湖区软土在 50 kPa、100 kPa、200 kPa、400 kPa、800 kPa、1600 kPa 作用下主固结时间 t_1 为 10 min ~1000 min,控制应变 ε 在 0.001 和 0.015 之间。因此,利用此方法计算得出的次固结系数受荷载水平、加荷历史的影响,相应的次固结沉降计算结果也相差较大。以研究区上层软土中第一层软土(8.2 m)和第二层软土(6.3 m)为例,初始孔隙比 e_0 选取 1.25,利用次固结沉降规范公式(4.41)计算,可得如下结果(表4.19)。

$$S = \frac{H}{1 + e_0} C_\alpha \lg (t_2/t_1).\qquad(4.41)$$

式(4.41)中:S 是次固结沉降量;H 是土层厚度。其中,符号意义同式(4.40)。

表 4.19 鄱阳湖区典型软土的次固结沉降量

软土层及厚度	$t_1 = 10$ min			$t_1 = 200$ min			相差比值/%
	C_α	t_2	S/m	C_α	t_2	S/m	
第一层 8.7 m	0.01	1 a	0.183	0.001	1 a	0.013	92.76
		10 a	0.221		10 a	0.017	92.27
		50 a	0.248		50 a	0.020	92.03
第二层 6.3 m	0.01	1 a	0.132	0.001	1 a	0.010	92.76
		10 a	0.160		10 a	0.012	92.27
		50 a	0.180		50 a	0.014	92.03

从表 4.19 中可知,鄱阳湖区软土的次固结特性跟初始固结时间和次固结系数的选取紧密相关。初始固结时间 t_1 为 10 min,次固结系数为 0.01,计算得出的固结沉降 S 与 t_1 为 200 min;次固结系数为 0.001 时,计算得到的相差比值 S 均在 92% 以上。关于出现这种差别的原因,雷华阳等认为,这是用 Casagrande 法得到的次固结划分没有清晰的物理意义导致的。而有的学者认为,最终固结压力决定了次固结系数的不同。但有一种共识是,次固结是土体主固结完成后因孔隙水压力消散而发生的压缩,次固结是土颗粒骨架在有效应力基本不变之后发生的蠕变。因此,不管是主固结还是次固结,土颗粒的微观结构特征都可以间接反映软土的固结特性。

4.3.4 鄱阳湖区软土的微观结构特征

土力学行为的不确定性、不规则性和模糊性,正是其结构复杂性的具体体现。在土体的外部荷载作用下,各种土颗粒可表现出滑动、滚动、挠曲、压碎等效应。在排水条件下,土骨架中的水和空气不会被挤出。与此同时,土颗粒重新排列,土体发生变形。在剪应力的作用下,土体不仅发生剪切变形,还会产生体积变化。在静水压力的作用下,土体也会产生塑性变形,进而发生屈服现象。显然,土的力学性质从本质上取决于其微观结构。

1)研究方法

目前,土的微观结构信息主要通过以下几种方式获取:

扫描电子显微镜法(SEM)。首先,采用真空冷冻制样仪制样,目的是彻底去掉软土的水分,充分保持其真实的天然结构,使样品能在真空度很高的电镜室里被观察、拍照;其次,对样品进行镀金,主要是为了防止拍摄过程中样品受到电子束的轰击而产生放电现象。拍摄时先从高倍找到典型的"结构单元体",再逐步降低放大倍数,以保证图像的清晰度。为了便于定量分析,对试样采用统一的放大倍数(×2000)进行测试,得到不同固结压力作用下的 SEM 鄱阳湖区软弱土层微观扫描相片。

计算机断层扫描法(CT),也称计算机断层照相技术,是结合计算机和 X 射线对土体微观结构进行观察和照相的一种技术。该技术的优势在于不用对试样进行干燥、真空脱水等预处理,试验可在被测试件的原始状态下进行,避免预处理过程对微观结构可能造成的损害;可在正常的室内环境下进行,既可以实现水泥微观结构的连续观察,也可以透视土体的三维微观结构。

压汞法(MIP),又叫汞孔隙率法。汞对一般固体具有不可润湿性,欲使汞进入孔需要施加外压,外压越大,汞能进入的孔半径越小。通过此方法可以测量不同外压下进入液中汞的量,即可知相应孔的体积。其可测孔半径范围为 3.75 mm ~ 750 mm。

此外还有水溶液法、核扫描法等。其中,SEM 方法是目前应用较多的方法。

2)不同固结压力下的微观结构特征

本课题研究过程中采用的是基于 SEM 的软土微观结构分析方法。鄱阳湖在工程建设中常常遇到第四系湖泊相淤泥质黏土、淤泥和砂质淤泥土,具有明显的固结沉降与流变特性,而且每年湖水水位变幅在 10 m 以上;气候或湖水水位变化引起的软土受力环境变化,往往使固结历史发生较大的变化,导致软土土层的固结沉降特性发生复杂的加载效应。因此,本次研究选择具有代表性的鄱阳湖水利枢纽上闸址湖心岛的深厚软土来分析其在不同固结压力下的微观结构。

试验采用等应变速率方式,试验时固结应力分别采用 50 kPa、100 kPa、200 kPa、400 kPa、800 kPa、1600 kPa,应力速率为 0.01 mm/min,保持反压 10 kPa 不

变,以不同的轴压 p_1(60 kPa、110 kPa、210 kPa、410 kPa、810 kPa、1610 kPa)施加压力,保持 p_2 为 10 kPa,施加时间达 24 h 或变形基本保持不变 2 h 后固结试验完成。为确保试验结果可靠,每组固结试验进行 3 个平行试验,应用数理统计方法对试验数据进行整理。

对不同固结压力作用下的试样,利用扫描电镜(SEM)进行试验。用刀片降土样切成 20 mm 厚、边长为 5 mm 的方形薄片,薄片经 −70℃ 的低温冷冻干燥后用锋利小刀切开,将新鲜面放在 500~5000 倍的扫描电镜下观察。本次试验放大倍数为 500、1000 和 2000 倍,并抓拍 SEM 图像,从抓取的 SEM 图像中挑选清晰的图像,利用 PCAS 软件(Particles and Cracks Analysis System,颗粒裂缝分析系统)进行分析。结果如图 4.36 及图 4.37 所示。

(a)50 kPa　　　　　　　　　　　　(b)100 kPa

(c)200 kPa　　　　　　　　　　　　(d)400 kPa

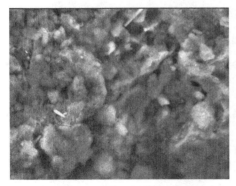

(e)800 kPa　　　　　　　　　　　　　(f)1600 kPa

图 4.36　不同压力条件下的软土 SEM 图像

(g)50 kPa　　　　　　　　　　　　　(h)100 kPa

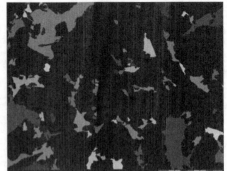

(i)200 kPa　　　　　　　　　　　　　(j)400 kPa

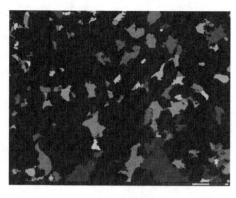 

(k)800 kPa　　　　　　　　　　　　(1)1600 kPa

图 4.37　基于 PCAS 的不同固结压力下的微观分析图像

从图 4.36 及图 4.37 可以看出：鄱阳湖软土在空间架构上结构类型较多，既有蜂窝状结构、海绵状结构、絮状结构，也有片状、骨架状和凝块状结构。在 50 kPa 的固结压力作用下，软土多为絮状、骨架状结构；在 100 kPa 的固结压力作用下，土颗粒骨架排列多为片状，空隙多为大孔隙（$d > 10 \ \mu m$）；在 200 kPa 的固结压力作用下，颗粒结构为片状，颗粒孔隙变小，空隙转变为中孔隙（$2.5 \ \mu m < d < 10 \ \mu m$）；在 400 kPa 的固结压力作用下，颗粒被挤压成粒状，但局部仍然有中、大孔隙存在；而在 800 kPa 的固结压力作用下，颗粒之间的孔隙被挤压，颗粒及孔隙变得更为均匀，孔隙增多，但多为小、微孔隙（$0.4 \ \mu m < d < 2.5 \ \mu m$、$d < 0.4 \ \mu m$）；当固结压力达到 1600 kPa 时，颗粒被挤压成块状，但也形成了一些条状的贯通裂隙，说明其沉积历史较短。

为研究各个方向上的孔隙排列分布，将 SEM 图像定义为单元体，排列方向为 0°～180°，将其平均分为 18 等份，每等份 10°，可作出土颗粒孔隙分布的节理玫瑰花图，如图 4.38 所示。从图 4.38 中可以看出：固结应力为 50 kPa 时，颗粒排列不均匀，定向角集中在 0°～30°；当固结压力为 100 kPa、200 kPa 时，颗粒排列不规则，定向角集中在 40°～145°的较大范围内；当固结压力为 400 kPa 时，颗粒继续被压实，定向角为 100°～160°；当固结压力为 800 kPa 时，颗粒排列变得有序，比较均匀；当固结压力为 1600 kPa 时，土颗粒被压实，但局部形成了新的空隙。这说明，总体上随着压力的增大，颗粒逐渐被压实，大孔隙逐渐变成中孔隙和小孔隙，颗粒的定向性由非均匀性向均一性发展。

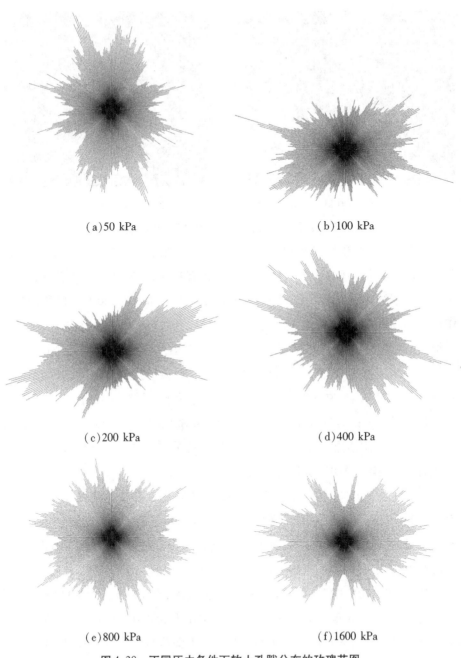

(a)50 kPa

(b)100 kPa

(c)200 kPa

(d)400 kPa

(e)800 kPa

(f)1600 kPa

图 4.38　不同压力条件下软土孔隙分布的玫瑰花图

3)固结压力与孔隙度分维值的关系

孔隙度分维是指小于某孔隙(r)的孔隙累积数目 $N(\leqslant r)$ 的分布特征,即:

$$N(\leqslant r) = \int_{r}^{\infty} P(r)\, dr \propto r^{-D}. \qquad (4.42)$$

式中:D 是指容量维;$P(r)$ 为直径 R 的分布密度函数。由于一定区域内的土颗粒总数恒定,所以 $N(\leqslant r)$ 和 $N(\geqslant r)$ 存在一定的对应关系。假设 $V(r)$ 是颗粒直径小于 r 的孔隙体积,V 为试样孔隙总体积,则存在 $V(r)/V \propto rb$,对其进行求导,可得:

$$dV(r)/V \propto rb - 1. \qquad (4.43)$$

对(4.43)求导可得:

$$dN(r) \propto r - D - 1. \qquad (4.44)$$

由于 $V(r) = \frac{1}{6}\pi r^3 N(r)$,则:

$$dN(r) = \frac{1}{6}\pi r^3 dN(r) \propto r^3 r - D - 1. \qquad (4.45)$$

联立式(4.42)和式(4.45),可解得:

$$D = 3 - b. \qquad (4.46)$$

因此,可以利用 r 为横坐标,$V(r)/V$ 为纵坐标,绘制双对数关系曲线,其稳定斜率取 b,即可求得孔隙分布的分维值。

孔隙度分维值 D_c 越大,表明孔隙的均一化程度越差,孔隙间尺寸相关越大。图 4.39 为孔隙度分维值随着固结压力的变化曲线。

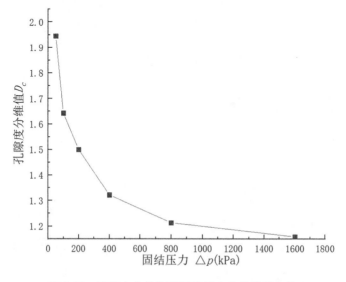

图 4.39　孔隙度分维值随固结压力变化关系曲线

由图 4.39 可知,随着固结压力的增大,孔隙度分维值逐渐减小。其中:固结压力在 400 kPa 之内时,孔隙度分维值的变化斜率较大;而固结压力大于 400 kPa 之后,孔隙度分维值减少的速率放缓,说明湖相软土的孔隙度均一化程度随着固结压力增加趋于稳定。孔隙度分维值与固结压力存在负相关性,说明软土固结压力越大,孔隙度分维值 D_c 越小。

4)固结压力与概率熵的关系

概率熵是指土颗粒中孔隙长轴方向在某一个角度分布的概率,它是用来描述、表征土体中的颗粒或孔隙方向性程度的指标,即:

$$H_m = - \sum_{i=1}^{n} \frac{m_i}{M} \cdot \frac{\ln (m_i/M)}{\ln n}. \tag{4.46}$$

式(4.46)中:H_m 为概率熵;m_i 表示孔隙长轴方向在 $0° \sim 180°$ 范围内 n 个等份区的第 i 个区位的个数;M 为孔隙总量。概率熵越大,孔隙排列越混乱。

研究区典型软土的概率熵随着固结压力的变化规律见图 4.40。从图中可以看出,概率熵均值在 0.92 以上,总体上较为紊乱。随着固结压力的增加,孔隙的排列越来越具有一定的方向性。在 100 kPa 以内,概率熵减少速率较快,说明受到挤压后,颗粒孔隙变化较大;当固结压力大于 400 kPa 以后,概率熵减少速率基本相近,说明在高固结压力作用下颗粒孔隙减少的速率放缓。概率熵与固结压力具有一定的负相关性,说明概率熵越低,其结构越稳定,渗透性越小,压缩性越小。

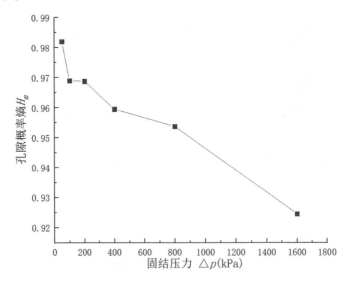

图 4.40　概率熵随固结压力变化图

5）固结压力与平均形状系数的关系

平均形状系数是指统计区域内各颗粒或孔隙等面积的圆周长与实际周长比值的平均值，即：

$$F = \sum_{i=1}^{n} F_i / n.\tag{4.47}$$

式（4.47）中：F_i 为颗粒或孔隙等面积的圆周长 C_c 与颗粒或孔隙的实际周长 S_a 的比值；n 为颗粒或孔隙的个数。平均形状系数越大，孔隙的形状越圆滑。

鄱阳湖区典型软土的平均形状系数如图 4.41 所示。从图中可以看出，平均形状系数随着固结压力的增加越来越大。这说明，从总体来看，随着固结压力的增大，土颗粒的形状越来越圆滑，孔隙的形状也越来越圆滑。从变化曲线上看，在低固结压力条件下（≤400 kPa），平均形状系数增长较快，说明在初始加压阶段，颗粒孔隙变圆滑的速率较快；在高固结压力条件下（>400 kPa），曲线斜率变缓，说明颗粒孔隙已经被压缩，很难继续被压实，平均形状系数增长相对缓慢，也就是说，土颗粒之间空间排列越来越紧密，土的渗透性和压缩性也随之降低。

6）固结压力与分形维数的关系

根据分形几何理论，孔隙形态分形维数是指用来描述孔隙结构非均匀形态的定量指标。假设孔隙具有不规则的分形特征，则一定存在如下关系式：

$$\lg L = D/2 \times \lg A + C.\tag{4.48}$$

式（4.48）中：L 是孔隙的等效周长；D 是指孔隙形态分形维数；A 是孔隙的等效面积；C 是定值。形态分形维数简称分形维数，其值在 1 和 2 之间。分形维数值越大，则说明孔隙结构越复杂，孔隙的空间结构越粗糙，形态特征越不均匀。

图 4.41 为不同固结压力作用下湖相软土随固结压力的变化规律图。从图中可以看出，固结压力从 50 kPa 增加至 400 kPa 时，其分形维数迅速降低，说明湖相软土为原状土或在初始加压时，颗粒孔隙基本呈不规则状；当施加一定压力后，颗粒孔隙结构会迅速由不规则结构转变为较圆滑的结构。当固结压力由 400 kPa 增加到 1600 kPa 时，分形维数降速减缓，说明颗粒孔隙均一化程度接近定值。虽然分形维数与固结压力呈正相关关系，但在实际工程中，由于软土的沉积环境及成因历史问题，其压缩系数并不一定会随着深度的增加（固结压力的增大）而与分形维数呈正相关关系，这在湖相软土勘察中要引起注意。

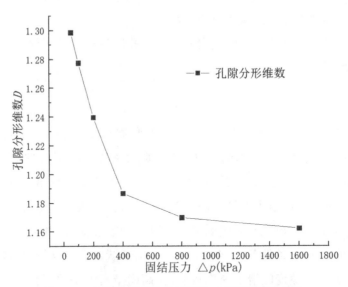

图 4.41　不同固结压力作用下的分形维数变化曲线

为研究固结压力作用下软土颗粒形态及几何特征变化规律的相关性,分别对固结压力与孔隙度分维值、概率熵、平均形状系数和分形维数进行二元多项式拟合,结果见表 4.20。各相关系数均大于 0.81,属于高度相关。

表 4.20　固结压力与土颗粒微观结构参数相关性分析表

x	y	相关性公式	R^2
孔隙度分维值	固结压力	$y = 6 \times 10^{-7} x^2 - 0.0014x + 1.3009$	0.8776
概率熵	固结压力	$y = 2 \times 10^{-9} x^2 - 4 \times 10^{-5} x + 0.9771$	0.9508
平均形状系数	固结压力	$y = 9 \times 10^{-8} x^2 + 0.0002x + 0.3453$	0.8171
分形维数	固结压力	$y = 1 \times 10^{-7} x^2 - 0.003x + 1.3009$	0.9440

4.4　软土的应用及数值模拟分析

济益公堤是位于长江干流九江市下游的重要堤防之一。因堤防下伏软土,且原堤防防洪标准偏低,汛期险情频发,有关部门对其进行了加固整治。2001年 1 月,加固整治完成,防洪标准得以提高,江岸、堤防险情基本消除。加固整治后,防洪堤全长 4.979 km。

加固整治后至 2005 年底,济益公堤轴线桩号 K4 + 200 ～ K4 + 600 段 400 m长堤顶出现过不同程度的纵向裂缝,2006 年对裂缝进行了回填处理。2009 年 8月,济益公堤轴线桩号 K4 + 300 ～ K4 + 500 段 200 m 长堤顶再次出现纵向裂缝。

经 2012 年 8 月至 2014 年 2 个水文年监测,裂缝继续向上、下游发展,延伸到堤轴线桩号 K2＋928～K4＋807,裂缝堤段长达 535.3 m,呈断续分布,且主要出现在堤防下游的振孔高喷垂直防渗墙(以下简称防渗墙)设置范围内的堤顶,见图 4.42。

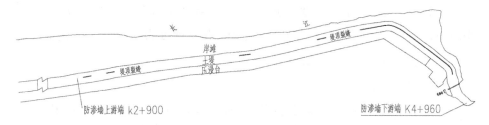

图 4.42　济益公堤堤顶裂缝简图

软土地基的存在,加之外荷或水位变化的作用,使堤防上部构筑物出现裂缝,从而对结构的外观造成一定的破坏,影响结构的强度、使用性能及使用寿命,进而对人们的生活造成一定的影响。堤防裂缝形成后,随着时间的推移,会逐渐延伸,最终使建筑物不稳定。所以,在软土工程中,我们不仅要研究软土的成因,还要研究外界因素对软基堤防的影响,采取有效的预防措施对裂缝的产生进行控制,而且在运行过程中要对已经出现的裂缝进行分析,采取适当的措施进行修补,防止裂缝恶化。

4.4.1　济益公堤工程概况

(1)地理位置

济益公堤位于九江市濂溪区新港镇,在长江干流南岸九江市下游,距离九江市区 12 km,工程施工对外交通主要以水运和公路运输为主,公路干线与施工的堤段都有简易公路连通。公堤主要是用来防护九江市区和沿岸交通的安全。

(2)地形地貌

济益公堤处于长江Ⅰ级阶地前缘,边滩宽 25 m～250 m。圩堤附近的Ⅰ级阶地地面高程为 12.8 m～15.8 m。堤内分布有排水沟、水塘等地表水,地势总体平坦。

济益公堤地处亚热带季风气候区,气候温暖湿润,雨量丰富。年降水量为 1407.4 mm,降水量大部分集中在 4～6 月,大约占全年降水量的 43%。长江洪水主要发生在 5～9 月,5～6 月份的圩区洪水与长江洪水在当地形成交集。

（3）地质构造

工程区西南侧发育鹰潭—瑞昌大断裂,历史上发生过 8 次 5 级地震,最近的一次 5 级地震发生于 2005 年,为 5.7 级。场地软土厚度为 12 m,砂土厚度为 20 m,覆盖层总厚度为 32 m,软土剪切波为 140 m/s～150 m/s,属于Ⅲ类场地。工程区基本地震动峰值加速度等于 0.05g,地震动反应谱特征周期为 0.35 s,Ⅲ类场地调整系数为 1.3,则工程区的地震动峰值加速度为 0.065g。因此本区新构造相对活跃,存在区域不稳定的风险。

（4）地层岩性

堤基上层属于第四系全新统,依次为粉质黏土、淤泥质黏土、细砂、中砂、粗砂、砾砂等,颗粒随深度增加渐粗,均有分布;中层黏土属于第四系中更新统,分布于堤防上、下游端;下层基岩属于石炭系灰岩,第三系砂岩、粉砂岩。其中,第四系全新统粉质黏土、淤泥质黏土、细砂为堤基工程土体。堤防结构如图 4.43所示。

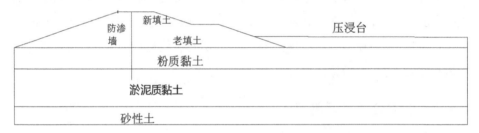

图 4.43　堤防结构图

（5）地下水

堤基地下水埋藏较浅,主要是第四系松散层孔隙潜水和季节性承压水。上部黏性土孔隙潜水的富水性和透水性较弱,下部砂性土的富水性和透水性较强。地下水与长江水有着良好的水力关系:汛期河水水位上升,河水补给地下水,并形成季节性地下承压水;枯水期河水水位下降,地下水向长江排泄。2014年 9 月下旬至 10 月初,长江水位持续下降,堤内水和堤基地下水分别向两侧的长江及排水沟排泄,堤身和堤基孔隙水渗透压均背离堤防渗墙。图 4.44 是 2个水位年的水位变化监测结果图。

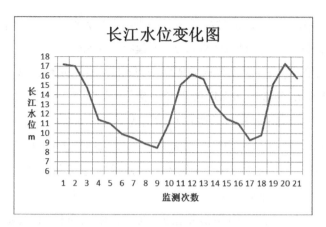

图4.44 长江水位变化图

（6）人类工程活动

济益公堤是长江已有江岸堤防，于1999年12月至2001年01月加固整治，主要加固整治内容是土堤加高培厚、下游段振孔高喷防渗墙、江岸堆石护岸与抛石固脚、堤内吹填压浸。2002年加固整治时，对原堤身表面进行清表，以背水侧黏土加高培厚为主，从堤顶到堤脚填土厚度为2.5 m～6.0 m。在K2+900～K4+960段设置防渗墙，墙高为14.50 m～15.55 m，墙底接近砂性土层顶面，持力层基本是砂性土。江岸抛石固脚护岸，最小厚度为1.0 m，坡度为1∶2.5。堤内吹填压浸，宽度为47 m。

4.4.2 济益公堤裂缝成因分析

4.4.2.1 堤防土体工程特性

（1）堤身新填土：粉质黏土，呈硬塑状，从堤顶到堤脚填土厚度为2.5 m～6.0 m，含水率为19.2%，湿密度为2.08 g/cm³，干密度为1.73 g/cm³，孔隙比平均值为0.559，液性指数平均值为 – 0.16，黏聚力为29.6 kPa，内摩擦角为18.6°，压缩系数为0.132 MPa⁻¹，压缩模量为11.884 MPa，固结系数为5.22E-03 cm²/s，垂直渗透系数为3.09E-06 cm/s，最优含水率为17.1%，最大干密度为1.75 g/cm³。土体非饱和、紧密，具有低压缩性，弱透水，工程特性好。

（2）堤身老填土：粉质黏土，呈硬可塑状，轴线厚5.2 m～5.8 m，含水率为25.2%，湿密度为1.90 g/cm³，干密度为1.37 g/cm³，孔隙比平均值为0.833，液性指数平均值为0.47，黏聚力平均值为23.9 kPa，内摩擦角为18.4°，压缩系数为0.328 MPa⁻¹，压缩模量为5.537 MPa，固结系数为5.42E-03 cm²/s，垂直渗透系数为 1.02E-05 cm/s,最优含水率为 17.1%,最大干密度为 1.75 g/cm³。土体非饱和、稍密,具有中等压缩性,弱透水,工程特性稍好。

(3)堤基粉质黏土:间夹薄层粉质壤土,局部夹淤泥质粉细砂,呈软可塑状,厚 1.8 m～4.6 m,连续分布在圩区临江一带,含水率为 33.0%,湿密度为 1.87 g/cm³,干密度为 1.36 g/cm³,孔隙比平均值为 0.933,液性指数平均值为 0.66,黏聚力平均值为 19.5 kPa,内摩擦角为 13.8°,压缩系数为 0.403 MPa⁻¹,压缩模量为 4.760 MPa,固结系数为 4.23E-03 cm²/s,垂直渗透系数为 1.70E-5 cm/s。土体饱和、软弱,具有中高压缩性,弱透水,工程特性很差。

(4)堤基淤泥质黏土:间夹粉质黏土,局部夹淤泥质粉细砂,富含有机物及沼气,呈松软塑状,厚 4.1 m～10.8 m,连续分布在圩区临江一带,含水率为 34.6%,湿密度为 1.84 g/cm³,干密度为 1.35 g/cm³,孔隙比平均值为 0.973,液性指数平均值为 0.76,黏聚力平均值为 17.6 kPa,内摩擦角为 13.9°,压缩系数为 0.464 MPa⁻¹,压缩模量为 4.377 MPa,固结系数为 3.66E-03 cm²/s,垂直渗透系数为 1.94E-5 cm/s。土体饱和、软弱,接近高压缩性,弱透水,工程特性很差。

4.4.2.2　裂缝现象

堤身裂缝分布在防渗墙堤段范围内,以一条纵向裂缝形式出现在堤顶防渗墙背水侧之墙土结合面,呈不连续分布。单条裂缝长 40 m～536 m,总长度达 714 m。下游端非软基堤段无裂缝。裂缝约占软基防渗墙长度的 35%,缝宽 1 mm～20 mm。探坑所见裂缝深 2.75 m,向下尖灭。裂缝背水侧堤身相对沉降差为 2 mm～46.2 mm,且仍处于发展阶段。堤防除出现裂缝外,并无其他工程质量缺陷。

4.4.2.3　公堤裂缝成因分析

(1)基底附加应力及沉降变形分析

土堤和压浸体是堤基主要荷载。经检测,土堤高度为 7.56 m～7.85 m,新老填土加权平均天然密度为 1.956 g/cm³,压浸体厚度为 2.23 m,吹填土天然密度为 1.85 g/cm³。土堤之下的荷载属不均匀的梯形分布荷载,基底最大附加应力为 1.51 kPa,最小附加应力为 0 kPa。压浸体之下的基本属于均布荷载,附加应力为 0.41 kPa。根据堤防结构及其工程特性分析,堤身填土较为密实,其压缩变形较小,堤防的沉降变形主要是堤基软土的固结压缩变形。堤基固结压缩变形是堤身老填土荷载下的超固结压缩变形和堤身新填土荷载下的次固结压缩变形的总和。

堤基沉降量是固结沉降量 S_g 和侧向变形沉降量 S_c 之和,即:

$$S = S_g + S_c. \tag{4.49}$$

其中: S_g 为固结沉降量。

$$S_g = \sum \left[(e_0 - e)/(1 + e) \right] h_i]. \tag{4.50}$$

式中: e_0 为天然孔隙比; e 为载后孔隙比; h_i 为分层厚度。

$$S_c = S_{c1} + S_{c2}. \tag{4.51}$$

式中: S_c 为侧向变形沉降量; S_{c1} 为弹性变形阶段侧向变形沉降量; S_{c2} 为塑性变形阶段侧向变形沉降量,其与加荷速率有关。

梯形条状荷载下,

$$S_{c1} = qFB/E. \tag{4.52}$$

q 为轴线梯形荷载强度; F 为沉陷系数; B 为换算荷载宽度; E 为地基土弹性模量。

(2)堤基软土力学性质差异对堤基沉降变形的影响分析

堤基软土有上部粉质黏土和下部淤泥质黏土。其中:粉质黏土的含水率为 33.0% ,孔隙比为 0.933,压缩系数为 0.403 MPa^{-1},固结系数为 4.23E-03 cm^2/s;淤泥质黏土的含水率为 34.6% ,孔隙比为 0.973,压缩系数为 0.464 MPa^{-1},固结系数为 3.66E-03 cm^2/s。两种土体的力学特性较为相近。从静力触探过程曲线看,软土在深度和平面上的力学特性也基本相近,土层结构和厚度也较平稳,可简化为相对均质的软土层来研究。堤基软土的力学性质无明显差异,故不对堤基产生明显的差异沉降变形影响。据堤基软土的三维蠕变本构关系,经 Plaxis 二次开发软件的堤基软土蠕变模型参数敏感性分析,得出软土修正压缩系数 $\overset{*}{\lambda}$ 对堤基蠕变影响最为敏感,修正蠕变系数 $\overset{*}{\mu}$ 和摩擦角 φ 对蠕变影响的敏感程度次之。即堤基软土的压缩系数对堤基沉降影响最大,土的内摩擦角对堤基沉降也有明显影响。

(3)公堤裂缝的外因分析

①堤基荷载差异对堤基沉降变形的影响分析

堤基荷载主要是土堤和压浸体土重。在轴线方向,各断面结构相近,近似线性均布荷载,且堤基高压塑性敏感性软土层厚度也相近,所以堤基在轴线上属均匀沉降变形。在垂直轴线方向,堤宽、堤坡坡率、压浸台的厚度等参数在各断面上也基本一致,同一断面为多边梯形分布荷载,在堤基高压塑性敏感性软土层厚度也相近的条件下,堤基属不均匀沉降变形。根据该堤防的 2 年变形监测,堤基防渗墙迎水侧总沉降量为 8.5 mm ~ 13.3 mm,防渗墙背水侧堤顶右缘总沉降量为 14.3 mm ~ 19.2 mm,二坡台总沉降量为 8.4 mm ~ 12.9 mm,压浸台总沉降量为 5.2 mm ~ 12.2 mm。监测数据表明,堤基在差异荷载作用下,存在明显的差异沉降变形,具有堤基附加应力越大,其沉降量也越大的特点。

②地下水位变化对堤基沉降变形的影响分析

堤基为二元结构,下部砂性土透水性较强。堤基临近河岸,堤基地下水与河水水力联系密切。在监测期间,长江水位位于 8.40 m 和 17.20 m 之间,基本处于长江常年变幅水位和堤基地下水位变幅范围。

堤底高程在 15.08 m 和 15.97 m 之间,平均高程为 15.57 m。高河水位时,一般情况下,23% 的时间段内有 0 ~ 1.63 m 高的堤身处于水下。因此,长江水位变化对堤身产生的直接变形影响很小。堤基软土层层底高程一般在 4.14 m 和 6.94 m 之间,平均高程为 5.68 m,一般情况下有 2.72 m 厚的堤基软土层长期处于水下,有 7.17 m 厚的堤基软土层处于地下水变幅范围,即堤基软土层底具有 2.72 m ~ 9.89 m 的承压水头。因此,长江水位变幅对堤基软土层的浮力和孔隙水压力有直接影响。

当长江水位上涨时,堤基受到反向渗流力和承压水的顶托作用,堤基软土的孔隙水压力随之增大,导致堤防沉降速率下降;反之,当长江水位下降时,堤基地下水向长江排出,承压水的顶托作用降低,堤基软土的孔隙水压力也相应减小,导致堤基沉降速率增大。除了堤基侧向蠕变产生的沉降外,堤基沉降速率 V 与恒定堤载 W 及长江水位上涨增量 ΔH 的比值成对数关系,其函数表达式为 $v = f[\ln(W/\Delta H)]$。监测结果也证明了这一规律,如图 4.45 所示。

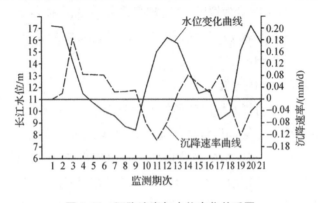

图 4.45　沉降速率与水位变化关系图

（4）堤身堆载时间差异对堤基沉降变形的影响分析

在堤轴线方向上，堤身经过多次均匀加载过程。在堤基软土结构和力学特性相似的条件下，其变形和变形速率也相近。在堤身的横断面上，以往对堤身进行加载，其加载厚度一般堤顶最厚，由堤面向堤脚逐渐递减为零，无前期变形监测资料。1999 年开始进行加固整治，堤基同期不均匀加载。断面各部位的加载厚度和监测期相应的平均沉降量如表 4.21 所示。

表 4.21 土堤断面平均加载厚度及平均沉降量

测点位置	堤外脚	堤顶左缘	防渗墙顶	裂缝右缘	堤顶右缘	二坡台	压浸台
原堤载厚度/m	0	5.0	3.9	3.8	1.8	0	0
加载厚度/m	0	2.5+0.5	3.6	3.7	5.7	6.0	2.4
总堤载/m	0	8.0	7.5	7.5	7.5	6.0	2.4
沉降量/mm	11.1	10.6	7.9	10.7	17.1	9.6	7.4

由表 4.21 可知，堤载厚度与沉降量具有以下关系：①堤载越大，沉降越大，新加堤载越大（加载速度越大），沉降也越大，新加堤载对相同部位某时刻的堤基沉降量及沉降速率的贡献相对较大；②因江岸堤脚土体存在岸坡临空面和排水相对顺畅，土体沉降变形受孔隙水压力和临空面的影响大于侧向变形，即使在无荷载条件下，其沉降量也比压浸台更大；③防渗墙地基因砂性土的压缩性小，其沉降量也较小。这说明堤基先期荷载和后期加载都对堤防沉降有影响，且先期堤载的堤基软土仍未完成固结。

（5）防渗墙对堤基沉降变形的影响分析

振孔高喷垂直防渗墙沿堤轴线布置于堤顶中心线偏迎水面 1.0 m 处，墙顶高程为 22.37 m～22.45 m，低于堤顶面 0.6 m，墙高 14.50 m～15.55 m，穿过堤身和堤基软土层，墙底基本处于无软土夹层的砂性土层顶。防渗墙受长江水位涨落和墙侧土体摩擦力的影响，具有一定的变形，但比堤基压缩形成的变形要小。从堤防结构可知，防渗墙持力层是沉降变形较小的砂性土，而土堤持力层为高压缩性软土层。因此，防渗墙地基和土堤堤基有明显的差异压缩变形。如：防渗墙顶（裂缝左处）监测期总沉降量平均值为 7.9 mm；而防渗墙两侧（防浪墙、堤顶右处）在土堤监测期的总沉降量平均值分别为 10.6 mm 和 17.1 mm。

防渗墙位于堤身断面轴面，对堤身荷载起到分隔作用，使得加载较小的防渗墙迎水侧（防浪墙处）的土堤沉降量相对较小，监测期的总沉降量平均值为

10.6 mm;而加载较大的防渗墙背水侧(堤顶右处)的土堤沉降量相对较大,监测期的总沉降量平均值为17.1 mm,如图4.46所示。

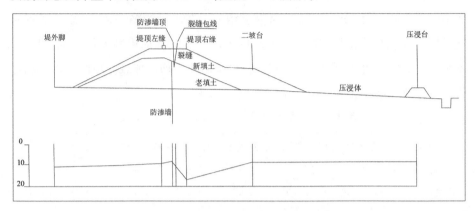

图4.46　各监测断面平均沉降量曲线

监测资料显示,因防渗墙的阻隔作用,堤防地面呈现与防渗墙相背离的水平位移,防渗墙迎水侧(堤外脚、防浪墙处)土堤向河岸位移,而防渗墙背水侧堤顶右缘(堤顶右处、二坡台、压浸台处)背离河岸位移。

综上所述,防渗墙持力层可压缩性小,土堤持力层可压缩性大,造成防渗墙和土堤的差异压缩变形;防渗墙对堤防的差异沉降变形和水平位移方向起到阻隔控制作用。

4.4.3　济益公堤的沉降数值模拟

4.4.3.1　基本理论

目前计算土基沉降的方法主要有以下几种:

(1)压缩曲线法。此方法是很多规范所推荐的一种沉降计算方法。它将压缩试验中获得的应力、应变关系曲线通过相应的公式转化为应力和孔隙比的关系曲线;假设地基土体为弹性变形体,在上部荷载作用下的变形仅在一定范围内的竖向发生;把压缩土体进行分层,再利用室内试验得到压缩曲线,或者利用求出的压缩系数或压缩模量来计算各层土体的沉降量;最后将划分的各土层的沉降量累加,即得地基的总沉降量。

(2)应力路径法。这种方法是Lambe(1964)提出来的。他认为在荷载作用下,地基土中各点的主应力大小和方向都会随荷载及时间的变化而变化,所以,在固结过程中,各点的应力状态相差很大,即应力路径不同。有效应力路径法的计算步骤如下:①在现场荷载作用下的地基上选择需要计算的沉降点;②计算这些点的初始应力和空隙压力,求出在排水和不排水情况下的总应力路线和有效应力路线;③模拟相应点的应力路线在三轴仪上进行排水试验,求得各阶段的垂直应变;④各阶段的垂直应变乘以相应土层的厚度可以得到各土层的沉降量,然后进行累加,得到总沉降量。此方法现场操作较为复杂,而且试验技术要求很高,目前很少采用。

(3)数值计算法。随着计算机技术的迅速发展,加上计算方法的不断改进以及土体本构模型研究的不断深入,复杂的岩土工程问题得以解决。目前,可以根据 Biot 固结理论的非线性有限元法来计算沉降。该方法主要有以下优点:①可以根据地质的实际情况,采用合理的本构关系来描述土体的应力—应变关系,比如非线性、弹塑性等本构模型;②能够结合现场实际情况来考虑复杂的边界条件以及地下水对工程的影响等;③对于分步施工的工程可以模拟现场的逐步加载或卸载,考虑场地初始的应力、应变状态,可以求得任意时刻的土体变形,更加真实地反映土体在外荷载作用下产生的应力、应变。但是该方法也有一些不足,因为有很多不确定的因素,比如计算模型的不确定、施工工艺的不确定等。

本小节主要运用 GeoStudio 软件中的 SIGMA/W 模块来进行沉降数值模拟分析,利用有限单元法的原理来进行计算。有限单元法是将所研究的区域划分为有限个大小不一的小区域。这些有限个大小不一的小区域称为有限单元,简称单元。单元与单元之间只在指定的点相连,这些指定的点称为结点。在离散化的模型中逐个对单元进行分析,再将这些单元组合进行整体分析,结合要求解问题的位移边界,按照结构分析中的位移法来求解各结点处的位移,从而可以求出各单元的应力、应变等。

4.4.3.2 计算模型

该堤坝为简单梯形,坝顶宽度为 8 m,坝坡坡度为 1:3,堤坝持力层为粉质黏土,厚 3 m。粉质黏土下为淤泥质黏土,高 7.5 m。防渗墙位于坝体中心偏上游 1 m 处,高 20 cm。为了更好地进行沉降模拟分析,在淤泥质黏土下面添加一层软土,分别对不同厚度的软土进行模拟计算。当软土厚度为 2 m 时,计算模型如图 4.47 所示。软土为其他厚度时的模型除厚度不同,其余均相同。

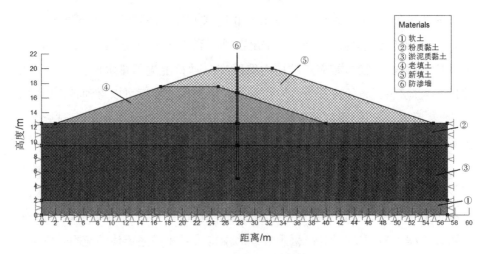

图 4.47 沉降模拟计算模型

4.4.3.3 计算参数及计算工况

(1)计算参数:根据相关土体的性质,在计算过程中所用到的参数如表4.22所示。

表 4.22 沉降模拟计算参数

材料	弹性模量/MPa	黏聚力/kPa	重度/kN·m⁻³	内摩擦角/°	膨胀角/°	泊松比
软土	4	20	19.3	13.87	5	0.42
淤泥质黏土	3	22	18.2	13.9	4	0.49
粉质黏土	6	18	19	13.8	6	0.37
老填土	16	15	20	18.4	10	0.25
新填土	12	13	20	18.6	7	0.3
防渗墙	20	29	21	25.1	12	0.2

(2)计算工况:①计算参数均不变,其他条件都相同的情况下,软土厚度分别为2 m、1 m、0.5 m时的沉降模拟;②计算参数不变,软土厚度为0.5 m,水位分别为 -2 m、-1 m、0 m、1 m时的沉降模拟。

4.4.3.3 计算结果及结果分析

(1)计算结果

1)计算不同软土厚度下的沉降结果,图中等势线均表示 Y 方向的位移。

①软土厚度为2 m时,沉降模拟结果如图4.48所示。

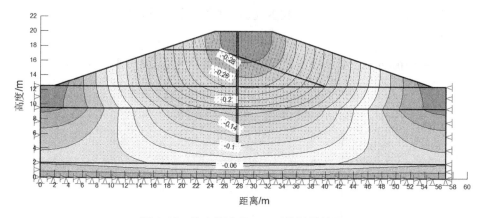

图4.48　软土厚度为2 m时的计算结果

②软土厚度为1 m时,沉降模拟结果如图4.49所示。

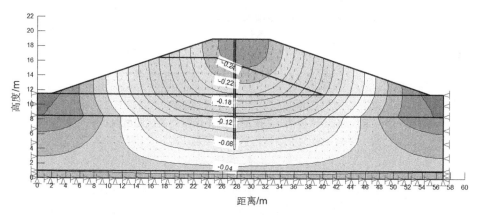

图4.49　软土厚度为1 m时的计算结果

③软土厚度为0.5 m时,沉降模拟结果如图4.50所示。

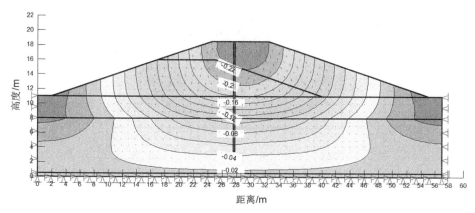

图4.50　软土厚度为0.5 m时的计算结果

2)当软土厚度为0.5 m,水位变化时,对老填土坝顶处和软土分层处进行沉降分析对比。

①各种情况下老填土坝顶处的沉降曲线如图4.51至图4.54所示。

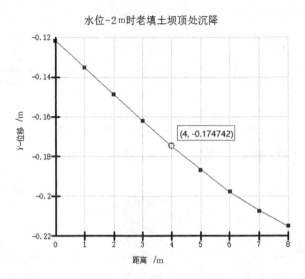

图4.51　水位为 – 2 m 时老填土坝顶处的沉降曲线

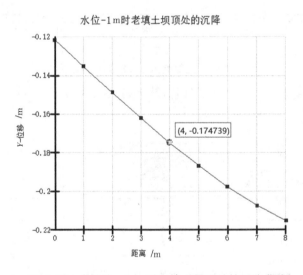

图4.52　水位为 – 1 m 时老填土坝顶处的沉降曲线

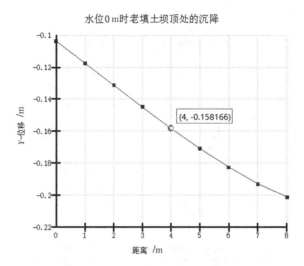

图 4.53 水位为 0 m 时老填土坝顶处的沉降曲线

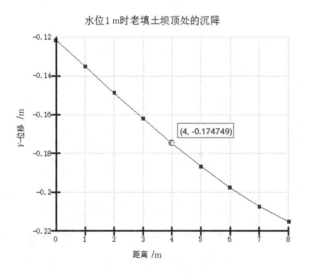

图 4.54 水位为 1 m 时老填土坝顶处的沉降曲线

②各种情况下堤基软土分层处的沉降曲线如图 4.55 至图 4.58 所示。

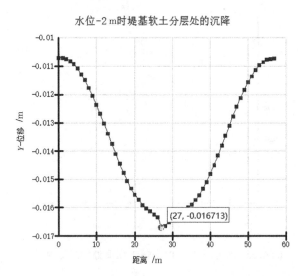

图 4.55　水位为 − 2 m 时堤基软土分层处的沉降曲线

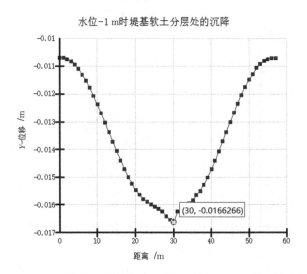

图 4.56　水位为 − 1 m 时堤基软土分层处的沉降曲线

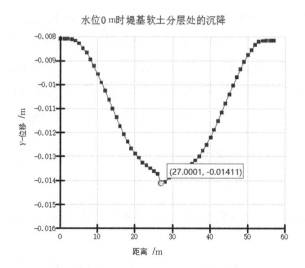

图 4.57   水位为 0 m 时堤基软土分层处的沉降曲线

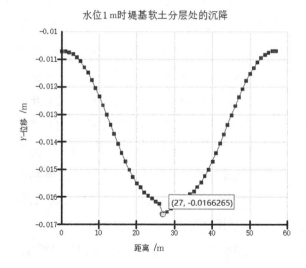

图 4.58   水位为 1 m 时堤基软土分层处的沉降曲线

（2）结果分析

通过上述沉降模拟结果可以得出以下结论：①当软土厚度改变时，从图中可以很明显地观察到 Y 方向位移等势线的变化。而且，当软土厚度减小时，沉降量也明显减少。由此可以发现，地基软土的分布会明显影响坝体及堤基沉降量。而济益公堤持力层为软弱土层，而且在不同的位置，软弱土层的厚度均不同，所以堤身下部土体在固结过程中会出现变形不协调的情况，导致堤防不均匀沉降。②当软土厚度不变、水位变化时，可以从各水位变化时的沉降曲线观察到,水位变化对坝身和堤基的影响差别很大。对于坝身来说,当水位变化时,沉降曲线变化不是很明显。所以,在水位较低时,水位变化对坝体沉降影响比较小。但堤基几乎一直处于水位下,从沉降曲线可以看到,其沉降变化很明显,软土最小沉降发生的位置及大小都发生了变化。此次数值模拟结果也验证了监测结果,所以长江水位变化是堤基产生不均匀沉降的主要原因之一。

4.4.4　济益公堤稳定性数值模拟

4.4.4.1　基本理论

(1)安全系数。安全系数是指在极限平衡状态下沿假定滑裂面的抗滑力与滑动力的比值。

(2)极限平衡法。极限平衡法是边坡稳定性分析常用的理论方法。极限平衡法通过假设边坡在即将破坏发生失稳的状况下,导出所受的外力作用以及自身内部强度间的平衡力,来分析在这两个力的作用下的边坡稳定性。目前,极限平衡法有很多种形式,包括瑞典条分法、Janbu 普通条分法、Morgenstern-price法、Spencer 法等。极限平衡法主要基于力学平衡理论,分析受力体处于各种破坏模式临界状态下的受力情况,按照摩尔—库伦强度准则算出受力体在自身及外荷载共同作用下的稳定性,这种稳定程度常用安全系数来表示。在稳定分析方法中,极限平衡法有两个优点:①这种方法能较准确地得出失稳时的安全系数,并且此系数的物理意义非常明确,同时显示出可能的破坏面;②楔形滑动、平面滑动及圆弧等类型的滑坡的稳定性都可以用这种方法来评价,此方法在各类型的滑坡稳定性分析中适用性很强。

(3)数值模拟法。数值分析法以力学本构模型和几何模型为基础,同时考虑岩土体的变形特点及位移。对于不同的研究对象,采用的方法有所差别。非连续介质通常使用以离散元为代表的相关数值分析方法,而以有限元、边界元为代表的数值分析方法一般用于连续介质。对于不同的介质面,分析的作用不同,有些适用于小变形分析,有些适合大变形分析。目前,有限元法、有限差分法以及离散元法已变成分析边坡稳定性的主要方法,同时也是数值模拟中采取的主要方法。基于有限元法对边坡稳定性的分析有两种:其中一种是有限元法,另外一种是有限元强度折减法。有限元法作为数值计算法的代表主要有以下优点:①可以很方便地求解关于弹性、弹塑性及黏弹塑性等问题;②这种方法考虑到了非均质和不连续性问题;③这种方法可以得出岩土体应力和应变的大小及分布,从而分析边坡破坏的发生及相应的发展过程等。

4.4.4.2 圆弧法和改良圆弧法

对于堤坝的稳定分析,通常情况下会采用圆弧滑动法进行稳定计算。但是对于有软弱夹层的地基,不宜采用圆弧法,因为它忽略了软弱夹层对地基稳定性的影响,因此提出了改良圆弧法对具有软弱夹层的地基进行稳定性分析。图4.59是滑动面曲线。下面对两种方法进行简单介绍。

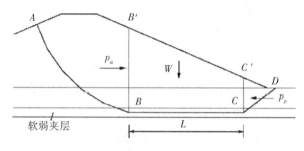

图4.59 滑动面曲线

①改良圆弧法。改良圆弧法假定土块的合力水平作用在相邻的土块上。其安全稳定系数计算公式为:

$$F_s = (P_p + S)/P_a.\tag{4.53}$$

式中:P_p 表示土体 DCC' 的抗滑力;P_a 表示土体 ABB' 的滑动力;S 表示 BC 面上的抗滑力。

$$S = W\tan\varphi + cL.\tag{4.54}$$

式中:W 表示土体 $B'BCC'$ 的有效重量;c,φ 分别表示软弱土层的黏聚力和内摩擦角;L 代表滑动面经过软弱夹层的水平长度。

在计算抗滑力 P_p 和滑动力 P_a 时,可以把滑动土体 ABB' 及抗滑土体 DCC' 划分为若干土条,再利用力的多边形来求 ABB' 内各土条的滑动力以及 DCC' 内各土条的抗滑力。最后把各土条的滑动力相加得到滑动力 P_a,再将各土条的抗滑力相加得到抗滑力 P_p。

力的多边形示意图如图4.60所示。图中:W 是土条的有效重量;R 是土条的平衡力,方向与土条底面法线的夹角为 φ;F 是土条底边上的孔隙水压力;C 是土条底面长 L 的弧的黏聚力;α 是土条底边的倾角;H_1,H_2 分别是到土条顶部和底边的距离;Q 是水平地震荷载;P_{pi} 和 P_{ai} 是土条平衡需要的水平推力。计算

公式如下:

$$P_{pi} = (W - F\cos \alpha)\tan (\alpha - \varphi) + F\sin \alpha - C\cos \varphi + Q. \qquad (4.55)$$

$$P_{ai} = (W - F\cos \alpha)\tan (\alpha - \varphi) + F\sin \alpha - C\cos \varphi - Q. \qquad (4.56)$$

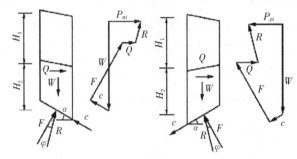

图 4.60　力的多边形示意图

②圆弧法。基于简化毕肖普法的圆弧法假定推动力与各点滑弧是平行的,把相邻土块之间的侧推力作为内力,各土条之间的切向力忽略不计,且土条之间的合力是水平的。此时安全系数的计算公式为:

$$F_s = \frac{\sum_{i=1}^{n} \frac{1}{m_{ai}}\{c_i b_i + [w_i(1 \mp \frac{1}{3}K_H C_Z) - u_i b_i]\tan \varphi_i\}}{\sum_{i}^{n} W_i(1 \mp K_H C_Z)\sin \alpha_i + \sum_{i=1}^{n} K_i C_z W_i \frac{e_i}{R}}. \qquad (4.57)$$

$$m_{ai} = \cos \alpha_i + \frac{\sin \alpha_i \cos \varphi_i}{F_s \cos \varphi_i}. \qquad (4.58)$$

其中:F_s 表示安全稳定系数;W_i 是土条的自重;b_i 表示土条的宽度;α_i 表示土体底边的倾角;c_i 表示土的黏聚力;φ_i 表示土的内摩擦角;R 表示圆弧的滑动半径;u_i 表示土条底边的孔隙水压力;e_i 表示土条中心到滑动圆心的垂直距离;K_H 表示水平地震加速度系数;C_Z 表示综合影响系数。

4.4.4.3　软件介绍

对公堤进行数值模拟分析的软件 GeoStudio,是在 20 世纪 70 年代面向岩土、采矿、交通、水利、地质等领域开发的一套仿真分析软件,主要包括 SLOPE/W、SEEP/W、SIGMA/W 等八大模块,主要应用于边坡稳定性分析、地下水渗透、岩土应力应变分析。GeoStudio 是一种基于极限平衡法和数值分析法来进行边坡稳定性分析的软件,可以快速求出边坡的最小安全系数和最危险滑动面。

4.4.4.4　计算模型

假设堤坝为简单梯形(如图 4.61 中的模型所示),坝高 7.5 m,坝顶宽度为

8 m,坝体坡度为 1 : 3;堤身新填土厚度为 2.5 m,主要在背水面;堤基粉质黏土厚度为 3 m,堤基淤泥质黏土为 7.5 m;防渗墙高 15 m、宽 20 cm,位于坝中心偏上游 1 m 处。运用 GeoStudio 软件结合极限平衡条分法中的 Spencer 法对堤坝进行稳定性分析。

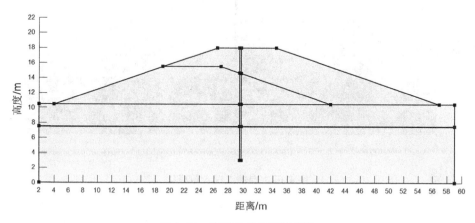

图 4.61　稳定性分析计算模型

4.4.4.5　计算参数及计算过程

（1）计算参数

根据济益公堤土体的相关资料,计算过程中用到的相关参数如表 4.23 所示。

表 4.23　稳定性分析计算参数

土体部位及类型	重度/kN·m⁻³	黏聚力/kPa	内摩擦角/°
堤身新填土	20	29.6	18.6
堤身老填土	20	23.9	18.4
堤基粉质黏土	19	19.5	13.8
堤基淤泥质黏土	18.2	17.6	13.9
防渗墙(高强度)	21	/	/

（2）计算过程

①自然工况

采用 SLOPE 模块结合极限平衡法中的 Spencer 法建立模型,然后对土体材料进行定义。在自然工况下水位为 15 m 处,选取滑移面的进出口进行计算。
计算过程如图 4.62 至图 4.68 所示。

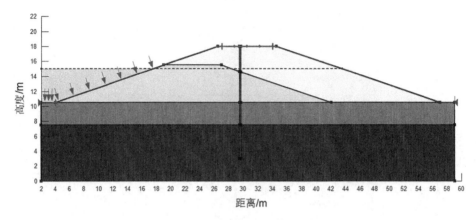

图 4.62　自然工况计算模型

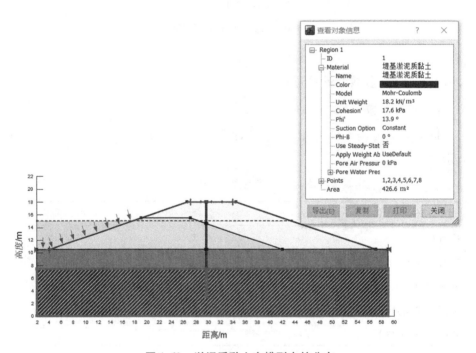

图 4.63　淤泥质黏土在模型中的分布

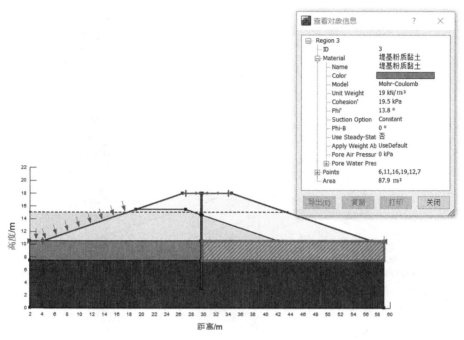

图 4.64　粉质黏土在模型中的分布

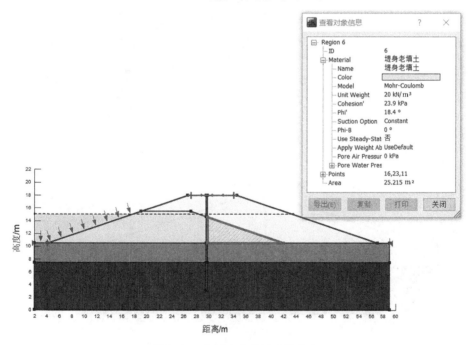

图 4.65　老填土在模型中的分布

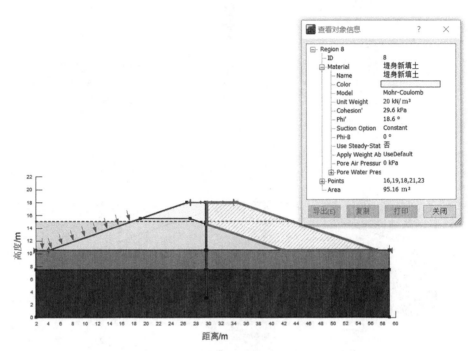

图 4.66　新填土在模型中的分布

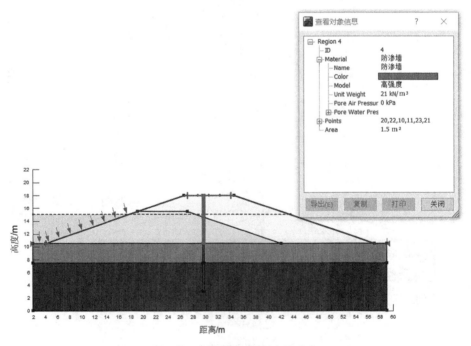

图 4.67　防渗墙在模型中的分布

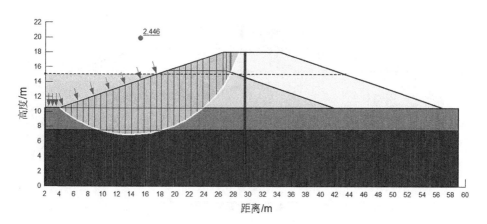

图 4.68　计算结果图

②水位下降工况

采用软件 SLOPE 模块中的极限平衡法下的 Spencer 法进行分析,假设地下水骤降,建立模型,然后对土体的材料进行定义。在水位下降的工况下,初始水位选取 15 m,下降后的水位选取 12 m,最后选取滑动面的进出口位置进行计算。各材料的位置与自然工况相同,计算模型和结果如图 4.69 和图 4.70 所示。

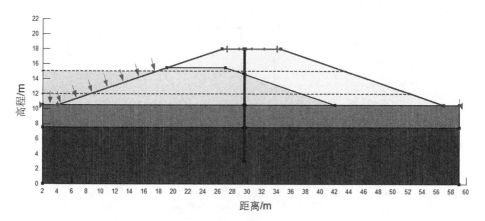

图 4.69　水位下降时的计算模型

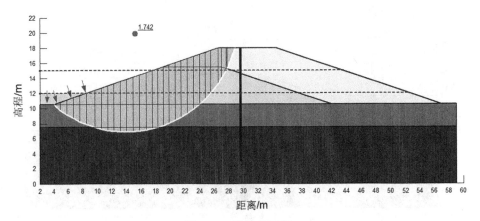

图 4.70　计算结果图

4.4.4.6　计算结果分析

（1）计算结果对比

①两种工况下的安全系数如表 4.24 所示。

表 4.24　安全系数对比

工况	自然工况	水位下降
安全系数	2.446	1.742

②两种工况下的力、力矩、安全系数对比图如图 4.71 和图 4.72 所示。

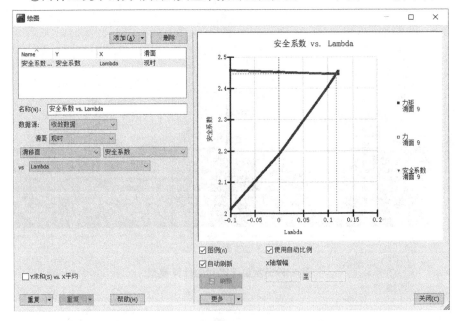

图 4.71　自然工况下的力、力矩、安全系数图

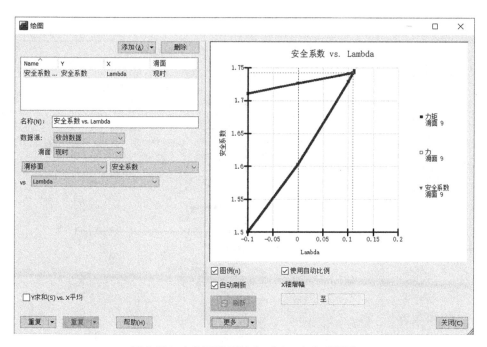

图 4.72　水位下降时的力、力矩、安全系数图

③两种工况下的内摩擦角曲线图见图 4.73 和图 4.74。

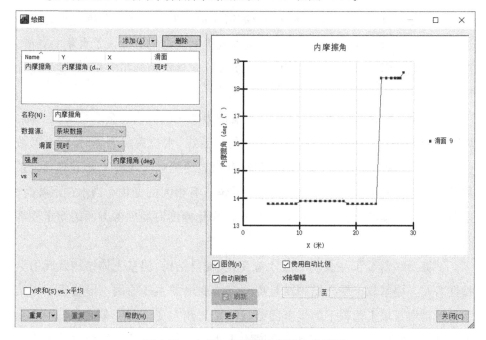

图 4.73　自然工况下的内摩擦角曲线图

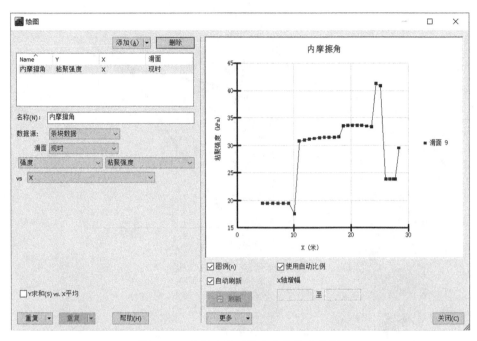

图4.74　水位下降时的内摩擦角曲线图

（2）成果分析

本课题通过理论分析、现场监测及数值模拟等方法对济益公堤的裂缝成因进行了分析，主要对防渗结构、水位变化以及堤基的结构方面做了大量的分析，在数值模拟方面进行了沉降数值模拟分析和稳定性数值模拟分析，通过研究分析得到以下结论：

①安全系数是滑动面上的抗滑力和滑动力的比值。当安全系数大于1时，堤坝是稳定的。由计算得出的安全系数可以看出，水位突然下降时，安全系数由2.446下降到1.742，对堤坝的稳定性有明显的影响。两种工况下的安全系数都相对比较稳定。自然工况下的内摩擦角没有很大的变化。当水位下降时，内摩擦角变化幅度比较大。由此可见，水位变化幅度对堤坝各方面的稳定性都有一定的影响。

②堤身裂缝变形主要与长江水位变化、堤身结构、堤基土体结构及其力学特性有关。堤基软土受压缩固结是堤防沉降变形的主要原因。堤基压缩固结变形量是堤身填土荷载下的堤基固结沉降量与侧向变形沉降量之和。堤载越大，沉降也越大。新加的堤载对相同部位某时刻的堤基沉降量及沉降速率影响相对较大。堤基软土的固结数十年来仍未完成。通过改变软土厚度进行的沉

降数值模拟分析可以看到,当软土地基发生变化时,沉降量也明显发生变化,而且软土厚度越大,沉降量也越大。由此可以看出,堤基的土体结构对堤坝的变形有很大的影响。

③堤基地下水与长江水力联系密切,堤基地下水位变幅与常年河水水位变幅接近。根据不同水位时对堤坝进行的沉降数值模拟以及水位上涨时的稳定性数值模拟可知,长江水位变幅直接影响堤基软土层的浮力和孔隙水压力的大小,对堤防沉降速率起控制作用,而且对堤坝的边坡稳定性具有明显的破坏作用。

④通过监测资料可以观察到防渗墙对堤坝沉降的变形也有一定的影响。由于防渗墙持力层是低压缩性的砂性土,而土堤持力层是较厚的高压缩性软土,在堤载作用下,土堤沉降量及沉降速率均大于防渗墙。因差异压缩变形和防渗墙的阻隔控制作用,防渗墙两侧土堤和堤基产生竖向沉降和反向水平位移,并在防渗墙与土堤界面产生过大的拉应力。同时由于土堤背水侧加固整治加载较大,压缩变形量相对较大,防渗墙背水侧出现纵向裂缝。另外,土堤的优先沉降,防渗墙两侧产生的向下摩擦力,导致防渗墙砂性土颗粒滑移,为防渗墙沉降提供了一定的空间。

济益公堤对于长江来说是非常重要的堤防。理论分析和现场施工的差异性给公堤稳定性分析及沉降带来很大的困难。因研究内容有限,有些问题没有考虑到,资料不全面,因此有待进一步对其进行研究。对于今后的研究内容,可参考如下建议:

①地质勘察资料和实验参数是进行理论分析的重要依据,但很多时候这些资料及参数与实际的工程地质情况存在很大的差异,所以一定要注重施工过程中的信息化施工,不断对参数进行调整和修改。

②根据裂缝的成因及发展过程,要增加堤坝的监测点,尽量做到监测内容的全面性,及时对裂缝进行预防,并采取治理措施。

4.5　降雨型软弱夹层滑坡模型试验结果分析

由于历史成因和沉积环境的不同,鄱阳湖区软土的空间赋存状态也具有差异性。鄱阳湖区存在诸多软弱夹层边坡、基坑边坡或软基堤防边坡。在降雨或水位变化的情况下,这些软基边坡往往会出现基坑边坡失稳的情况,甚至形成滑坡。诸多学者利用室内试验、野外调查、数值分析等方法开展软基边坡形成机理、力学机制和变形规律方面的研究,取得了一些研究进展:陈洪凯等(2002)采用几何相似、物理近似相似的方法对软基滑坡进行了室内降雨试验;G. B. Crostattt 等(2002)利用3种分布式水文模型对强降雨作用下的软基滑坡进行了分析,研究了阿尔卑斯山数百处软基滑坡的分布规律;李迪等(2006)利用钻孔倾斜仪对软基滑坡滑带进行变形监测,分析了软基滑坡的变形阶段;周中等(2007)利用降雨试验对软基边坡失稳进行了降雨试验研究,分析了入渗率与孔隙水压力的变化;匡野等(2014)利用物理模型试验对软基滑坡进行了不同坡度的降雨模拟试验,提出降雨型软基滑坡基于降雨历时和降雨量的预警模型;高连通等(2014)利用 GeoStudio 软件模拟了不同降雨条件下软基滑坡的多场特征;汪丁建等(2014)利用 GA 模型推导出一种滑坡稳定系数表达式;田海等(2015)利用离心降雨模拟设备,对软基边坡的位移场变形进行了试验分析;Sangseom Jeong 等(2017)利用数值分析法对土质深基座滑坡进行分析,验证了非饱和土降雨型滑坡与降雨、土壤性质、斜坡体形状和植被的关系。

综上所述,以往的研究大多根据降雨与软基滑坡变形破坏之间的关系进行研究,普遍认为降雨型滑坡主要是降雨入渗使滑带土的基质吸力发生变化,导致滑带土的抗剪强度降低;当滑体的下滑力大于滑带土的抗滑力时,滑坡发生变形破坏。然而,这些研究多从非饱和土抗剪强度理论出发,利用室内试验或数值方法研究软弱夹层滑坡的稳定性,但未能全面考虑软弱夹层对滑坡带来的影响。此外,降雨入渗在软弱夹层边坡既有水平渗透,又有垂直渗透。传统的滑坡水文地质循环多考虑同一渗流场的变化,但对滑坡的水平向和垂直向等双向渗透问题,研究得比较少。因此,本文以拟建鄱阳湖含软弱夹层滑坡为例,设计双向渗透人工降雨模拟试验模型,配合滑坡力学和变形参数监测,分析含软弱夹层斜坡在降雨诱发下的多场特征和滑坡变形破坏机理,以期为有效治理含软弱夹层滑坡提供参考。

4.5.1 典型软弱夹层边坡概况

大部分软弱夹层滑坡具有较深的厚度和较大的坡度,上部结构松散,滑移速度较慢。从剖面上看,该类型滑坡主要分为三类区域:滑源区、滑动区和堆积区。选取鄱阳湖特大桥典型基坑边坡剖面。滑体主要为细砂,地层岩性揭露,有细砂、淤泥、细砂、圆砾,下伏基岩为粉砂质泥岩(E1-2x)、灰岩、砂岩,揭露的基岩有强风化基岩和中风化基岩。构造形迹以 SW-NE 向为主。基坑边坡滑坡隐患区宽 5 m,滑动长约 150 m,相对高差 20 m,潜在滑动总体积约 100 m³,平均坡度约为 35°,主滑方向为 270°~290°。降雨主要集中在 4~6 月,占全年降水量的 50% 以上,降雨一部分转为地表水体,一部分通过地表裂缝、滑体空隙渗入地下,形成了不利于斜坡稳定性的软弱泥化滑动面。

4.5.2　试验模型

(1)模型设置

据软弱夹层基坑滑坡特征分析,为研究软弱夹层及降雨等因素对滑坡稳定性的影响,选择已经形成滑坡裂缝的主滑断面作为试验剖面,模拟范围包括滑坡陡壁至滑坡前缘剪出口。模型试验深度为 30 m,长度为 146.4 m。此滑坡模型宽 51.3 cm,长 146.4 cm,高 5.3 cm,放置在 230 cm × 120 cm × 100 cm(长 ×宽×高)的移动式钢架强化玻璃箱里。玻璃箱采用全封闭式(顶端开口),但在滑坡前缘留有带开关的泄水管道(直径为 6 cm)。调节开关可以模拟剪出口水位变化对滑坡的影响。同时,为研究不同坡度和不同密度的滑坡在同一降雨条件下的变形破坏规律,制作了两个模型箱,每个模型箱中间用厚 7 cm 的木板隔开,4 个模型同时进行试验。

本次试验拟采用江西省水土保持生态科技园的自动降雨系统,该降雨系统有效降雨总面积 784 m²。整个降雨区分为 4 个子降雨区(3 个下喷区和 1 个侧喷区),使各个降雨子系统互不影响,独立工作。遮雨槽系统布设在 3 个下喷区,可以很好地解决下喷区降雨前后产生的无效雨问题。

人工模拟降雨系统的性能参数如下:

①雨强连续变化范围:下喷区为 10 mm/h ~ 200 mm/h;侧喷区为 30 mm/h ~ 300 mm/h。

②降雨面积:1 个下喷区为 196 m²(3 个下喷区共 588 m²);侧喷区为 196 m²。

③降雨均匀度:>0.80。

④降雨高度:下喷区为 18 m;侧喷区为 18 m。

⑤雨强采集器存储容量:≥32000 条。

⑥降雨采样间隔:10~9999 秒。

为方便观测数据,移动式模型箱四周透明,并在剖面方向两侧贴上 1.0 cm ×1.0 cm 的方格纤维网。模型基座采用 23 cm×11 cm×5.3 cm(长×宽×高)的青砖砌成高 37.1 cm、长 88 cm、坡度约为 26°的直角楔体。为模拟降雨沿着滑坡横向裂缝渗入斜坡中的软弱夹层,形成软弱夹层泥化的实际过程,在滑坡体后缘插入 10 根直径为 12 mm 的过滤水管(约翰逊管),并在青砖上铺设一层厚 0.5 mm 的塑料雨布形成隔水层。在雨布上再铺设粒径为 20~40 目、厚 2 cm~3 cm 的夹泥尾矿细砂模拟软弱夹层;细砂之上再分层铺设厚 28 cm 的花岗岩风化土(控制密实度),该风化土经过小于 5 cm 筛选、配比,并筛除植物根系等杂质。

(2)模型材料及相似比

表 4.25　物理参数相似比

参数相似比	定义	相似比
长度	$C_l = L_p/L_m$	100
容重	$C_\gamma = \gamma_p/\gamma_m$	1
雨强	$C_q = q_p/q_m$	10
降雨历时	$C_t = t_p/t_m$	10
黏聚力	$C_c = C_p/C_m$	100
内摩擦角	$C_\varphi = \varphi_p/\varphi_m$	1
位移	$C_\delta = \delta_p/\delta_m$	100
剪应力	$C_\tau = \tau_p/\tau_m$	100
渗透系数	$C_k = k_p/k_m$	10
压缩模量	$C_{Es} = k_{Esp}/k_{Esm}$	100

表 4.25 中:C_l、C_γ、C_q、C_t、C_c、C_φ、C_δ、C_τ、C_k、C_k、C_{Es} 分别表示长度、容重、雨强、降雨历时、黏聚力、内摩擦角、位移、剪应力、渗透系数、压缩模量的相似比;L_p/L_m、γ_p/γ_m、q_p/q_m、t_p/t_m、C_p/C_m、φ_p/φ_m、δ_p/δ_m、τ_p/τ_m、k_p/k_m、k_{Esp}/k_{Esm} 分别表示长度、容重、降雨历时、黏聚力、内摩擦角、位移、剪应力、渗透系数、压缩模量的原型/模型参数赋值。

依据几何相似、物理性质相似及力学条件相似三个原则,本试验模型的几何相似比 $C_l = 1:100$。鉴于原型滑坡力学机制是推移式的,故重度相似比选取 $C_\gamma = 1:1$。根据相似理论,其他物理参数如表 4.25 所示。

野外调查表明,该基坑边坡表层岩土含水量极低,降雨主要沿着裂缝和空隙垂直或水平渗入软弱基底,诱发了滑坡。因此,软弱基底的力学参数相似比极为重要。由于该软弱夹层的主要地层岩性是强风化灰岩与残坡积土,本次试验软弱基底饱和渗透采用工程地质类比法,即采用地层岩性、颗粒粒径比、含水量等综合确定。其中:模型底座用青砖砌成,软弱基底按尾矿砂∶粉煤灰∶滑石粉∶水 = 73∶9∶11∶7 的比例混合而成;上部残坡积斜坡体按花岗岩风化土∶细砂∶水 = 83∶12∶5 的比例均匀混合而成(表 4.26)。

表 4.26 降雨模型主要参数的相似比

材料名称	类型	重度 γ /kN·m^{-3}	含水率 ω/%	黏聚力 c/kPa	内摩擦角 φ/°	渗透系数 K/cm·s^{-1}	压缩模量 E_s/MPa
砂质黏土	原型	1.78	26.4	24.6	21.4	2.1×10^{-5}	5.40
	模型	1.80	26.5	0.25	21.3	2.0×10^{-6}	0.05
软弱夹层	原型	1.96	41.2	33.1	19.3	2.9×10^{-6}	5.85
	模型	1.95	40.5	0.34	19.5	3.0×10^{-7}	0.06

本次试验采用连续降雨的方式,分 4 个模型同时进行试验。降雨模型的重度通过事先称重除以斜坡体积进行严格控制;含水率通过事先计算并利用量筒和洒水壶在填土过程中均匀喷洒进行控制;黏聚力、内摩擦角、渗透系数、压缩模量通过室内试验确定。原型滑坡于 2016 年 3 月 19 日 20 时至 20 日 20 时连续降雨 24 h,累计降雨 150 mm,降雨主要集中在前 6 h(平均雨强约 25 mm/h)。根据相似比原则,以总降雨量作为控制因素,先以雨强为 10 mm/h 降雨 3 h,再以雨强为 30 mm/h 降雨 2 h,最后以雨强为 60 mm/h 降雨 1 h,自动监测数据,持续降雨 24 h,降雨前先进行 15~20 min 的滤定。先用雨布遮住试验箱,待降雨均匀并达到设计雨强后再打开雨布开始计时。

(3)监测设备

试验采用的是最新开发出来的自动监测系统,主要包括孔隙水压力、土压力、应变监测与全自动摄像监测系统。每个模型的不同位置布设了 3 个 CYY2 孔隙水压力传感器、3 个 CYY9 动态土压力传感器、3 个 CYY-TR-WY 型一体化双向土壤位移传感器和 1 个 RS485 数字信号型土壤水分传感器(图 4.75);在 4 个模型的四周分别布置了 4 个高清摄像头。

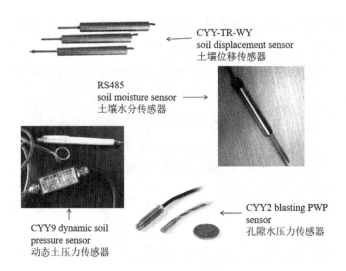

CYY-TR-WY
soil displacement sensor
土壤位移传感器

RS485
soil moisture sensor
土壤水分传感器

CYY2 blasting PWP
sensor
孔隙水压力传感器

CYY9 dynamic soil
pressure sensor
动态土压力传感器

图 4.75　部分试验用传感器照片

CYY2 孔隙水压力传感器厚度仅为 5 mm,量程为 0～20 kPa;CYY9 动态土压力传感器直径为 3 mm,量程为 0～50 kPa;RS485 数字信号型土壤水分传感器的探针直径为 3 mm,量程为 0～100% RH;CYY-TR-WY 一体化双向土壤位移传感器的量程为 0～±0.5 – 1000 mm。所有传感器通过高频放大器集成后进行数字化处理,并采用专门设计的转换软件将电压信号转换为应力或应变信号。摄像头采用海康威视 DS-2CD2T25XY-SW 型,有效像素 200 万,可实现日夜转换监控。该监测系统的优点是量程大,尺寸效应小,防水性好,并能够自动全程实时记录。

在进行试验时,首先用水泵从地下蓄水池抽水到顶棚降雨系统,由自动控制端控制降雨时间、雨强和降雨方式。而模型斜坡的表面径流通过模型箱的排水孔流出,经过排水渠道回流至沉砂池,经沉淀后流回蓄水池。另外一部分降水则通过回收系统回收至蓄水池。降雨均匀度通过公式(4.59)进行计算。

$$U = 1 - \frac{\sum |R_i - \bar{R}|}{n\bar{R}}. \tag{4.59}$$

式中:R_i 为降雨范围内同一时段所测得的测点 i 的雨量;n 为测点数;$\bar{R}$ 为降雨范围内同一时段的平均降雨量。由于所需的雨强变化范围太大,因此本次试验选择侧喷和直喷两种组合降雨方式。

在正式进行降雨滑坡试验之前,先开展 2～3 次降雨测试对降雨均匀度进行率定,测试时间为 10～30 min,用以分析总结降雨均匀度最佳的喷头线路(所有试验的额定供水压力均控制在 2.3 bar 左右),如表 4.27 所示。各线路的编号通过降雨控制系统操作,通过计算机软件控制不同线路的组合,可以得到所要的降雨强度。由图 4.76 可知,试验所需要的 20 mm/h、60 mm/h、100 mm/h 的雨强均符合均匀度大于 80% 的要求。

表 4.27　最佳均匀度的供水线路组合

设计雨强 (mm/h)	10	20	30	40	50	60	70	80	90	100	110	120
组合线路	1	1、2	2、5	2、8	1、2、8	1、2、 4、6	2、3、 5、8	3、5、 7、8	1、5、6、 7、8	1、2、5、 6、7、8	1～8	1～8

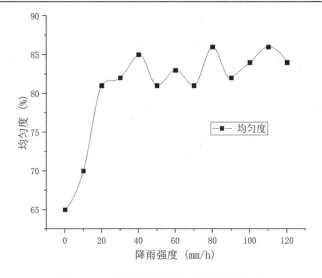

图 4.76　各设计雨强的实测降雨均匀度

4.5.3　试验土样的制备

试验所采用的土料为鄱阳湖区德安县的砂质黏土,其基本物性与抗剪强度参数见表 4.28,级配曲线如图 4.77 所示。

由于试验所需的土方量较大,需填土约 4.5 m³(其中,均质斜坡 3.0 m³,底部基岩型斜坡 1.5 m³),再依据所需坡形削坡。填筑制样时应尽可能满足试样的均一性,使每个试验结果较为可靠,因此采用统一的填筑试验边坡的步骤来确保试样的可重复性。

本试验采用分层夯实的方法来填筑边坡,在填筑之前先进行夯实试验,夯实试验的目的是求得试验用土的最大干密度,以此为填筑边坡时设计夯实密度提供参考,并熟悉土样的夯实特性。粉质黏土的夯实曲线如图 4.78 所示。从图上可以看出,粉质黏土在含水量为 21% 时有最大干密度:1.82 g/cm。

表 4.28　砂质黏土的物性指标表

土类	比重 G_s	最优含水量 w_{opt}(%)	最大干密度 ρ_{dmax} (g/cm³)	液限 L_L	塑限 P_L	塑性指数 P_I	过筛 No.200 筛(%)	试样干密度 ρ_d (g/cm³)	饱和渗透系数 k_s (m/s)	有效黏聚力 c'(kPa)	有效内摩擦角 φ'(°)
砂质黏土	2.7	16.8	1.62	35.2	20.1	15.1	56	17.1	1.82×10^{-6}	27.8	17.2

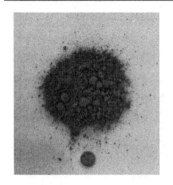
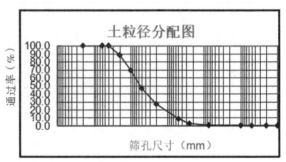

图 4.77　试验用土及其级配曲线

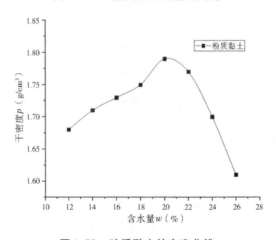

图 4.78　砂质黏土的夯实曲线

由夯实曲线的结果,选定粉质黏土边坡的控制干密度为 1.8 g/cm³,在夯实过程中,发现粉质黏土夯实 3~5 下,干密度即可达到 1.8 g/cm³ 左右。因此,填筑边坡时较易控制干密度,在夯实过程中要注意防止过度夯实。

试验边坡的制样步骤简述如下:

（1）用隔板将模型箱平均隔开，按设计图所需基岩（砖块）准备填筑边坡所需的试验用土，并测得其平均含水量，再配合所需控制的干密度预先估计所需土量。

（2）填筑土分为 5 层，每层初始厚度约 10 cm。每次分层填土前用计量桶称好重量和量好体积，然后将桶内的土均匀抛洒在模型箱基岩（砖块）之上，并用平板夯锤逐层夯实。

（3）每层填土完成后，利用环刀在夯实范围内平均取样，测得夯实土层的密度，并测得每个环刀夯样的含水量，以此得出夯实后的干密度。对粉质黏土边坡进行夯实时应特别注意，避免过度夯实超过控制的干密度。

（4）步骤 3 所测的含水量可用来控制每层的含水量。若含水量太低，则洒水使含水量控制在所需范围；若所测得的干密度太低，则继续夯实直到测得所需干密度（所需干密度由环刀试样测得的结果而定），并填土至所需要的控制高度；若干密度超过所需的干密度，则挖除重填。

（5）环刀所挖除的孔洞应填好并加以夯实，再填筑下一分层，用小刀打毛。

（6）对于要求饱和的土层，分层填筑后可适度填充水，水高出土面后再分层填上方的土层。

（7）按照传感器布置设计方案，在不同位置、不同深度的土层埋好传感器，然后恢复土层的填筑。

（8）当边坡模型填筑到需要设置的滑坡横向裂缝时，在边坡后缘将 12 mm 的 PVC 管埋入边坡缘平台；等边坡模型制作完成后拔出 PVC 管，留下后缘滑坡横向裂缝用以模拟滑坡裂缝。

（9）模型箱内隔板两边同时填筑治理前后的边坡模型，以利于滑坡治理前后的降雨试验对比分析。

（10）当填筑到一定高度时，边坡前缘用挡板挡住，防止前缘坡体滑塌。

（11）分层填筑完成后，整理各土压力、孔隙水压力、水分、地表位移传感器；按顺序编好号之后，理顺传感器的数据线并用胶带沿模型箱侧壁固定好，避免降雨过程中线晃动影响传感器的准确性。

（12）按照模型箱侧壁画出设计坡形，用刮刀削坡，使坡面与设计坡面对齐。在削坡过程中和撤出前缘支撑时要特别注意保持坡形的完整。

（13）安装红外线全景摄像仪，调好摄影机的最佳预测位置，并注意防止降雨对摄像机镜头造成影响。

(14)按编号及顺序安装好各类传感器,接入传感器采集卡。安装好监测软件,并做好试验测试。

至此便完成了试验边坡的填筑工作,如图4.79及图4.80所示。依据所需的初始基质吸力场与所设计的雨强,即可开始进行降雨条件下的滑坡模拟试验。一般来说,试验边坡的制样过程需要1~3天,而挖除试验后的土样也需要1~3天。此外,第一次试验实测结果显示,可控制干密度为1.75 g/cm³~1.81 g/cm³,低于或高于此值的干密度均不易控制。因此,对于粉质黏土来说,以控制所需含水量为主。

（a）配料图

（b）填筑图

（c）坡面图

图4.79 试验边坡填筑过程图

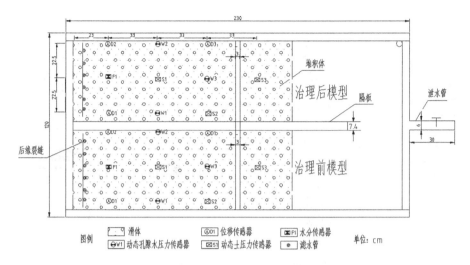

图4.80　砂质黏土滑坡模型传感器俯视图

4.5.4　试验结果分析

（1）不同坡度下软基边坡变形破坏特征

图4.81及图4.82为坡角为30°、45°、60°、75°时在同一降雨强度下斜坡各测点的位移变化特征图。由图可知：

软弱夹层滑坡后缘的浅表位移（D1位移传感器位置）如图4.81（a）及图4.82（a）所示，不同角度的模型的4个位移均随着降雨不断增大。其中：在降雨过程中，坡度为30°的斜坡模型位移速率最大，约为1.2 mm/h，属于陡变型变形破坏；坡度为45°的模型位移速率次之，约为0.6 mm/h；60°和75°的坡度位移增幅最小，属于渐近型变形破坏；30°、45°、60°、75°对应的最终位移分别为16.7 mm、14.5 mm、8.0 mm、7.3 mm，与降雨的监控效果相符[图4.81（a）]；降雨后的位移约为降雨前的变形的2.1～4.2倍。

边坡后缘深部的软弱夹层位移（D2传感器位置）如图4.81（b）及图4.82（b）所示。位移增速从大到小依次是坡度为30°、45°、60°、75°的斜坡模型，增幅较为缓慢，属于渐近型变形。降雨过程中的水分监测结果表明，在降雨入渗泥化过程结束后，软弱夹层位移有持续增长的现象，降雨前后位移增幅为1.5 mm～4.9 mm。边坡软弱夹层位移在降雨后仍然持续蠕变，对边坡的稳定性影响较大，在工程实践中应该高度重视。

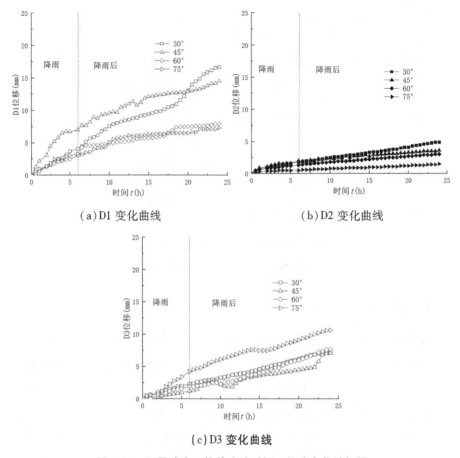

（a）D1 变化曲线　　　　　　　　（b）D2 变化曲线

（c）D3 变化曲线

图 4.81　不同坡度下软基边坡时间—位移变化特征图

　　含软弱夹层的边坡前缘浅表部的位移如图 4.81（c）和及图 4.82（c）所示。降雨前边坡位移增速最大的是 75°斜坡,60°坡体次之,45°和 30°坡体最小。降雨后最终位移监测数据表明,坡度为 75°、60°、45°、30°的坡体前缘位移分别为 10.6 mm、7.7 mm、7.1 mm、7.5 mm。这说明越陡的边坡越容易在坡脚形成剪出口,发生牵引式滑坡;反之,若坡度越平缓,同一基岩顺层边坡越容易发生推动式滑坡。在工程实践中,对于较陡的边坡,要重视坡体前缘削坡;而对于比较平缓的边坡,要注意后缘横向裂缝的防水问题,尽量采取截排水措施防止雨水入渗。

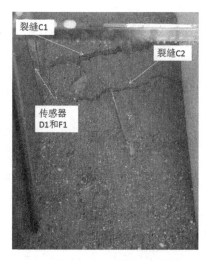

（a）30°坡体　　　　　　　　（b）45°坡体

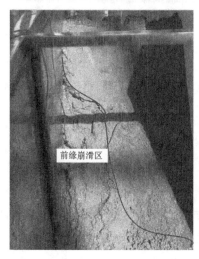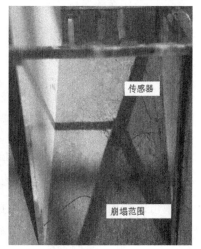

（c）60°坡体　　　　　　　　（d）75°坡体

图 4.82　软基边坡位移照片

（2）不同坡度下软基斜坡的力学变化特征

为研究软弱夹层滑坡的力学机制，在坡体后缘和中部 20 cm 处埋设了动态土压力传感器 S1 和 S2，在坡体前缘浅部 15 cm 处埋设了一个动态土压力传感器 S3，对全过程动态土压力进行监测，作出如图 4.83 所示的动态土压力变形特征图。

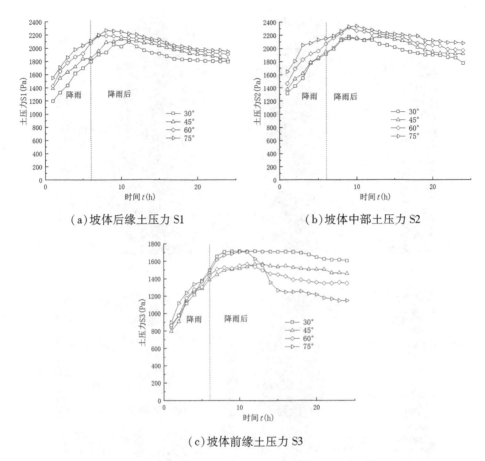

（a）坡体后缘土压力 S1　　　　　　（b）坡体中部土压力 S2

（c）坡体前缘土压力 S3

图 4.83　不同坡度下斜坡的土压力变化特征图

从图中可以看出:斜坡后缘深部的动态土压力随着降雨的进行逐渐增加,当降雨停止后,动态土压力仍然有一定幅度的增加。监测约 9 h 后,土压力达到最高,随后逐渐降低。从图 4.83(a)的曲线特征上看,土压力变化经历了陡、缓两个阶段,主要原因是降雨入渗增加了滑体的重力。当降雨停止后,雨水通过水平和垂直两个方向向临空面缓慢渗透,导致后缘的土压力缓慢降低。随着坡度的增加,软弱夹层斜坡后缘的 S1 传感器的土压力有所减小,即 $P_{30°} > P_{45°} > P_{60°} > P_{75°}$,主要原因是坡陡的雨水流失速度较快且下渗水压力减小的速度较慢。

斜坡中部的动态土压力同样也存在上述规律[图 4.83(b)所示],经历了先快后慢的两个变形阶段。最大土压力出现在 10 h 左右,是诱发滑坡发生的内在因素,可能跟雨水的渗透性能相关。S2 传感器的动态土压力大小排列顺序依次

为 $P_{30°} > P_{45°} > P_{60°} > P_{75°}$，土压力与水压力共同作用可能是滑坡产生的重要成因。

图 4.83(c)所示为含软弱夹层的斜坡前缘浅表部土压力变化特征图。该图显示在降雨前 6 h 到降雨后 4 h 左右土压力在迅速增加，表明前缘的土体质量和水分重量之和一直在增加。而雨后 4 h 以后，斜坡土压力在减少，其中 75°坡角的土压力减得最多，60°坡角的斜坡次之，说明堆积体前缘陡峭的斜坡坡脚容易发生崩塌破坏或形成剪出口，从而牵引斜坡中后缘堆积体发生变形破坏。

从图 4.83 中可以看出，斜坡体 3 个部位的土压力变化既有共同的特征，也有不同点。共同点是含软弱夹层的斜坡中后缘在降雨前土压力快速增长，而雨后土压力不断降低。不同点是同一基岩倾角顺层斜坡的坡度对不同位置的土压力的影响不一样。在降雨过程中，坡体中、后缘土压力增长较快，坡度较小的斜坡前缘土压力增长较慢，而坡度为 75°的斜坡前缘土压力增长较快。降雨后，坡体中、后缘土压力降速较慢，前缘降速较大。其中，前缘土压力递减速度最快的是 75°坡角的斜坡，说明含软弱夹层的滑坡在降雨作用下土压力变化幅度最大的是后缘，其次是滑坡中部，最后是滑坡前缘。

(3)不同坡度下斜坡的孔隙水压力变化特征

图 4.84 为同一降雨条件下不同坡度的斜坡在不同位置的孔隙水压力变化特征图。一般假设浅层滑坡孔隙水压力为零，试验结果标明，孔隙水压力在降雨过程中及降雨后具有如下特征：

图 4.84(a)所示为软基斜坡后缘浅层水压力变化特征图。该图表明，模型后缘浅表岩土体的水压力变化历史跟水流在垂向裂缝的渗透密切相关。降雨过程中，孔隙水压力由 0 Pa 迅速增长到 650 Pa 左右；当降雨时间达到 6 h 时且降雨停止后，孔隙水压力随着水分向坡体渗透而迅速降低。24 h 之后，模型后缘浅表的 W1 传感器的孔隙水压力下降至 20 Pa ~ 30 Pa。土压力在降雨过程中迅速增加，导致斜坡后缘发生胀缩效应，形成了拉张裂缝。在相同的降雨条件及历时条件下，后缘最大孔隙水压力的大小依次排列为 $P_{w75°} > P_{w30°} > P_{w45°} > P_{w60°}$。

(2)图 4.84(b)为滑坡后缘软弱夹层的孔隙水压力 W2 在降雨过程中均有一个陡升阶段。但在 6 h 降雨停止后，孔隙水压力并未停止上升，在持续 1 ~ 4 h 后仍上升，表明降雨渗入软弱夹层引起的孔隙水压力上升具有"滞后"效应。结合试验模型位移分析可发现,在同一降雨历时条件下,坡度为30°的斜坡模型滞后时间约为1 h,坡度为60°的斜坡模型滞后时间约为4 h,表明滑坡后缘拉张裂缝越大(坡角为30°的后缘裂缝最大宽度为3.5 cm,大于坡角为45°的后缘裂缝宽度2.1 cm),裂缝垂直向下延伸的深度越深,越容易发生顺层突发性滑坡。在滑坡治理时应该注意滑坡后缘裂缝及软弱夹层孔隙水压力变化对滑坡时效性的影响。

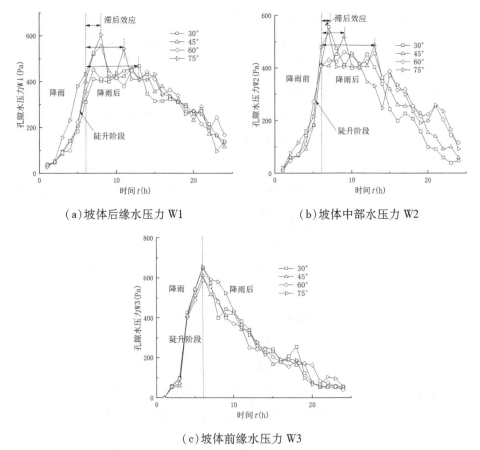

（a）坡体后缘水压力 W1　　　　　　（b）坡体中部水压力 W2

（c）坡体前缘水压力 W3

图4.84　不同坡度下软基斜坡的水压力变化特征图

图4.84(c)为坡体前缘深部软弱夹层 W3 的孔隙水压力变化特征图。该图揭示了其变化规律与后缘软弱夹层的孔隙水压力 W2 的变化规律类似,经历了上升、下降两个阶段。上升阶段的孔隙水压力变化速率较快,下降阶段的孔隙水压力下降速率较慢。同时,该曲线也表明,斜坡前缘软弱夹层中的孔隙水压力存在滞后效应,滞后时间为4 h~7 h,比后缘软弱夹层中的孔隙水压力滞后时

间要长,但孔隙水压力会通过软弱滑动面(滑动带)流向坡体前缘,在前缘斜坡深部的软弱夹层"汇聚",使孔隙水压力迅速抬升。其中,75°坡角的软基斜坡软弱夹层中的孔隙水压力最高达到 544 Pa。这说明孔隙水压力对陡坡坡体前缘的稳定性非常不利,容易在边坡工程中形成剪出口,应采取有效的排水措施来降低孔隙水压力的顶升。

(4)不同坡度下斜坡的水分响应特征

为研究软基斜坡在降雨后的响应特征,我们在 4 个不同角度的斜坡模型后缘深 24 cm 处增设水分传感器。图 4.85 所示为该位置不同坡度斜坡的水分响应特征曲线。

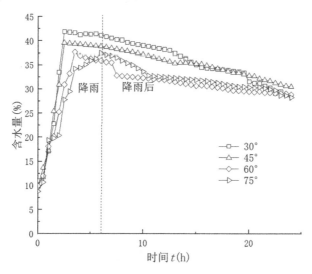

图 4.85 不同坡度的斜坡含水量变化特征图

当降雨 2.5 h ~ 6 h 后土体达到饱和,饱和时间的先后顺序为 $T_{75°} > T_{60°} > T_{45°} > T_{30°}$。土体达到饱和的时间与斜坡变形破坏的顺序基本一致,即饱和时间越短,后缘拉裂越快,与试验现象比较吻合。饱和含水量最高的是 30°坡度的斜坡,达到 41.9%;其次是 45°坡度的斜坡,为 39.6%;再次是 60°坡度的斜坡,约为 37.7%;最后是 75°坡度的斜坡,为 37.5%。在降雨停止后,岩土体的含水量随着水分的扩散逐渐降低;24 h 后,4 种坡体的含水量基本接近。

(1)降雨模拟结果显示,在相同降雨条件下,含软弱夹层的顺层滑坡位移与土压力变化具有很大的相似性。30°坡体和 45°坡体的滑坡多具蠕变型、推移式特点;60°和 75°坡体的滑坡具有突变型、牵引式特点。

(2)降雨物理模拟结果显示,孔隙水压力在降雨停止后仍然保持一定程度的增长,且其滞后效应与坡度具有负相关性:30°坡体的孔隙水压力滞后时间较短,45°坡体次之,60°坡体滞后时间最长。其中,软弱夹层的孔隙水压力上升及消散滞后时间更长,降雨导致在降雨停止后软弱夹层的孔隙水压力形成汇聚顶托作用。

(3)试验结果表明,软弱夹层滑坡受地形影响较大。在同一降雨条件下,软弱夹层斜坡坡度越平缓,土体饱和的时间越短,滑体变形破坏越快。利用固定式双渗透降雨物理模型技术,可以准确分析不同坡度的滑坡降雨试验过程。

(4)含软弱夹层的滑体应注意加强后缘排水系统的设置,防止地表水沿着裂缝渗透;在坡体前缘应注意采取导水措施,防止地下水在软弱夹层集中饱和泥化,防止土体鼓胀。

第5章 鄱阳湖流域软土层地下水数值模拟

5.1 地下水数值模拟原理

随着信息时代计算机的快速发展,数值模拟逐渐成为各领域对研究领域中的各种问题进行模拟研究的重要方法。在地下水研究领域中使用较多的数值模拟软件主要有 FEFLOW、VISUAL MODFLOW、GMS。本文为研究赣江尾闾综合整治工程研究区浸没范围选用了 GMS 中的 MODFLOW 模块进行数值模拟研究。

MODFLOW 为三维有限差分地下水流模型,其核心思想是基于网格划分的有限差分法。首先需要对地下水模型所覆盖的区域进行划分,将其划分为一系列规则且具有自己属性(如渗透率和初始水头)的网格单元,并构建研究区各网格、各时段的水均衡方程,然后将所有网格方程组构建成一个线性方程组,再通过迭代求解算法将各个网格单元的参数联立求解出来,从而获得地下水网格单元的水头值。

5.2 河间地块承压含水层模型

由于上层是渗透系数较小的黏土层,下层是渗透系数较大的粗颗粒土层,在黏土层钻孔勘探时会出现图 5.1 所示现象。当钻孔到达 a 点时,即为初见稳定地下水位。当向下加深钻孔深度到 L_0、L_1 时,地下水位分别上升了 Δh_0、Δh_1。直到钻孔穿透黏土层到达 d 点,即钻孔深度加深到 L_2 时,地下水位上升 Δh_2。此时,H 为黏土层下层含水层的水位,显然:

$$\Delta h_0/L_0 = \Delta h_1/L_1 = \Delta h_2/L_2 = (\Delta h_0 + \Delta h_1 + \Delta h_2)/(L_0 + L_1 + L_2)$$

$$= (H - T)/T = I. \tag{5.1}$$

由于黏土层中地下水水位是稳定的,因此,$V = 0$,将其代入表达式中可得 $I = I_0$,进而可推导出黏土层中含水带厚度 T:

$$T = H/(I_0 + 1). \tag{5.2}$$

式中:H 表示黏土层下层含水层的水位;I_0 表示黏土层起始水力梯度;T 表

示弱透水层中的含水带厚度。

上述公式不适用于黏土层厚度小于黏土层下层含水层水位的情况,即 $M < H$ 时,应使用如下公式:

$$T = H - I_0 M. \tag{5.3}$$

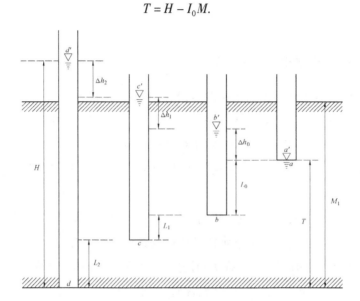

图 5.1 研究区黏土层水位壅高示意图

研究区被鄱阳湖流域赣江北支和赣江中支包围,属于典型的二元结构的河间地块结构,其含水层主要由孔隙水层和裂隙水层组成。孔隙水层主要分布在第四系沉积岩层中,包括砂砾层、砂层和黏土层。由于研究区内上部地层结构主要由壤土、黏土、淤泥质黏土组成,中部地层为渗透系数较大的粗粒度土且下部为砂砾、圆砾等粗粒土岩土体,常年处于高含水率状态甚至饱和状态,因此上层是黏土底部为饱和状态的岩土体,可将其视为承压含水层模型结构。因此该研究区更适合使用承压含水层模型进行模拟(如图5.2)。

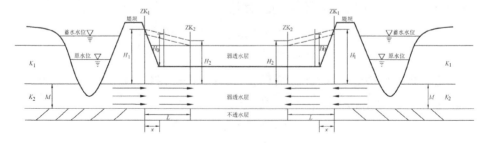

图 5.2 研究区承压含水层模型示意图

在水库蓄水前,通过钻孔勘探的方式,分别在坡脚处和距离堤坝 L m 处钻穿黏土层以获取黏土层下层的承压水头 H_1、H_2,并得出计算单宽流量公式:

$$q = -KM \frac{dH}{dx} = KM \frac{H'_1 - H'_2}{L}. \tag{5.4}$$

水库蓄水水位抬升后,单宽流量保持原值,即 $\frac{dH}{dx}$ 保持不变。8 因此,水位抬升后,承压水头的计算公式为:

$$H = H_1 - \frac{q}{KM}x = H_1 - \frac{H'_1 - H'_2}{L}x. \tag{5.5}$$

式中: L, x 分别表示截面 ZK2-ZK1、任意截面距离堤坝坡脚的距离(m); H'_1 表示水库蓄水前堤坝坡脚 ZK1 处的承压水头(m); H'_2 表示水库蓄水前 ZK2 距离堤坝坡脚 ZK1 L m 处的承压水头(m); H_1 表示水库蓄水水位抬升后堤坝坡脚 ZK1 处的承压水头(m);

以黏土层底板为计算基准面。将公式(5.5)代入公式(5.2)可得计算黏土层中含水带的厚度公式:

$$T = H/(I_0 + 1) = \frac{H_1 - \dfrac{H'_1 - H'_2}{L}x}{I_0 + 1}. \tag{5.6}$$

将(5.5)代入公式(5.1)中可得如下所示公式:

$$T = H - I_0 M = H_1 - \frac{H'_1 - H'_2}{L}x - I_0 M.$$

5.3　数学模型

地下水数学模型是用来描述和预测地下水流动和污染传输的数学模型,通常基于一些假设和方程,描述地下水的流动和水位的变化情况,以及在地下水流动过程中职工污染物质的传输和转化过程。建立地下水数学模型通常需要在收集并整理研究区地下水系统的相关数据基础上建立模型的基本假设和方程,利用数值方法将模型方程离散化。数学模型建立完成后需要借助计算机的算力求解离散化的数学模型,得到地下水流动的数值解。随后,需要对模型的预测结果进行比较和验证,并对模型进行优化和改进,以确定模型的精度和可靠性。

5.3.1　数学模型原理

数学模型是一种将实际问题抽象化、形式化的方法。它可以帮助人们更好地理解和分析问题,并提供一种基于数学原理的求解方案。数学模型通常由一组方程或不等式组成,这些方程或不等式描述了系统的行为或特性。

数学模型的构建首先需要明确问题的目标以及限制条件,确定需要描述的系统行为的变量,并对他们进行定义和分类,并结合实际情况,假设系统的行为可以使用数学形式进行概述,并确定需要的数学工具和方法,随后依据问题的假设和定义,建立数学方程或不等式,以描述系统的行为。方程建立完毕,便要通过数学方式和使用计算机程序进行辅助计算,求解数学方程式或不等式,获得数值解或解析解。获得解后,还需根据实际情况对已建立的模型进行模型验证工作,检验模型的准确性和可靠性,以对模型进行优化甚至重建,若已建立的模型通过验证,符合实际场景,则可将该数学模型用于预测、决策和优化等操作。数学模型的构建原理如图 5.3 所示:

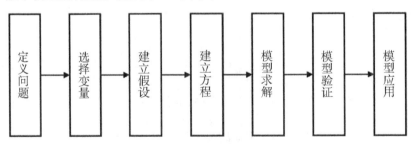

图 5.3　数学模型构建原理

5.3.2　数学模型构建

基于上述对研究区的概述以及研究区水文地质模型概化的边界条件等,在进行数值模拟时,将研究区研究模型概化为三维均质、各向同性、稳定流。研究区内数学模型构建如(5.7)所示:

$$\frac{\partial}{\partial_x}\left(K_{xx}\frac{\partial_H}{\partial_x}\right) + \frac{\partial}{\partial_y}\left(K_{yy}\frac{\partial_H}{\partial_y}\right) + \frac{\partial}{\partial_z}\left(K_{zz}\frac{\partial_H}{\partial_z}\right) = 0, \qquad (x,y,z \in \Omega)$$

$$H(x,y,z,t)\,|_{t=0} = H_0(x,y,z,t), \qquad (x,y,z \in \Omega, t \geqslant 0)$$

$$H(x,y,z,t)\,|_{\Gamma_1} = H_1(x,y,z,t), \qquad (x,y,z \in \Gamma_1, t \geqslant 0)$$

$$K_n \frac{\partial H}{\partial n} \Big| \Gamma_2 = 0. \qquad (x, y, z \in \Gamma_2, t \geqslant 0)$$

$$(5.7)$$

其中:K_{xx},K_{yy},K_{zz}分别为 x,y,z 方向上的渗透系数(m/d);Ω 表示渗流区域;K_n 表示沿边界法向上的渗透系数(m/d);H_0 表示初始时刻的水头值(m);H_1 表示某时间 t 时第一类边界的水头值(m);x,y,z 表示三维空间坐标;t 为时间(d);Γ_1 为研究区定水头边界;Γ_2 为研究区隔水边界(第二类边界);n 为沿边界的法线方向。

5.4　三维地质模型

为了加大研究区内地质构造以及空间分布情况对浸没范围的影响,我们建立了三维地质模型,通过三维模型以及概念模型构建的数值模型模拟地下水流运动,研究不同地质结构情况下地下水的运动规律,揭示平原型水库浸没影响范围。

5.4.1　三维地质建模模块简介

地下水模拟系统是一种基于计算机模拟的工具,用于模拟地下水流动和水质变化。这些模拟系统通过建立一个数学模型来描述地下水系统中的物理、化学和生物过程,并通过计算机程序对这些过程进行模拟。地下水模拟系统通常包括 3 个主要组成部分:模型建立、模型参数确定和模型模拟。目前 GMS 是地下水数值模拟研究中使用比较广泛且功能强大的科研软件,拥有强大的前、后处理以及可视化功能。本文构建三维地质模型主要使用到 GMS 中的以下模块:

(1)Boreholes 模块,主要功能是负责管理钻孔数据,以表格的形式对钻孔数据进行整理,并通过表格的形式,将数据加载到软件中,依据此数据可建立地面 TIN 模型。

(2)TIN 模块是三角网格划分,主要通过一系列点位组建三角网格。

(3)Soild 模块,主要功能是管理实体模型,使用插分方法并导入地面高程点,建立地面 TIN 模型,再运用 Boreholes 数据生成三维地质模型。根据生成的三维地质模型,可从不同视角观察研究区模型的空间结构。

5.4.2　地面 TIN 模型

使用 DEM 数据中提取的高程点数据,利用克里金插值法生成地面高程模型,即将高程点数据(X、Y、Z)导入软件中形成二维散点,并运用插值法转换形成不规则三角网格,选中 TIN 下的 Subdivide TIN 将不规则三角网格细分,选中导入二维散点插值为 Active TIN,最终形成地面 TIN 模型(建立流程如图 5.4 所示)。

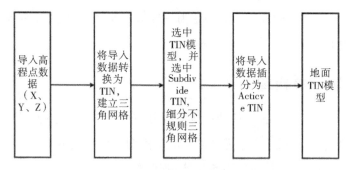

图 5.4　建立地面 TIN 模型流程图

5.4.3　钻孔数据

构建研究区三维地质实体模型前需要对采集的钻孔数据进行处理,为后续数值模拟提供可靠的数据来源。钻孔经纬度坐标以及高程数据详见表 5.1。

表 5.1　钻孔数据

钻孔名称	经度	纬度	钻孔高程	钻孔深度
BTK401	12917056.45	3330068.979	14.33	22.33
BTK402	12917545.01	3329477.498	16.5	24.5
BTK403	12917925.19	3329013.418	16.38	24.38
BTK404	12917209.97	3332589.295	17.32	25.32
BTK405	12918085.88	3331901.851	15.32	23.32
BTK406	12919075.32	3331113.492	15.17	23.17
BTK407	12919788.42	3330544.486	16.42	24.42
BTK408	12920310.86	3330196.848	16.28	24.28
BTK409	12919655.94	3332024.182	14.9	22.9
BTK410	12920142.58	3331426.643	15.39	23.39

续表 5.1

钻孔名称	经度	纬度	钻孔高程	钻孔深度
BTK411	12920681.81	3330844.557	15.76	23.76
BTK412	12920347.65	3332813.711	14.73	22.73
BTK413	12921027.72	3332170.334	15.17	23.17
BTK414	12921550.46	3331553.455	16.27	24.27
BTK415	12920983.45	3333902.727	15.23	23.23
BTK416	12921634.48	3333173.495	15.82	23.82
BTK417	12922255.87	3332233.13	15.88	23.88
BTK418	12921609.94	3334203.538	14.71	22.71
BTK419	12922081.46	3333773.259	15.58	23.58
BTK420	12922717.89	3333073.453	16.51	24.51
BTK421	12921982.3	3334900.129	15.25	23.5
BTK422	12922573.32	3334284.033	15.66	23.66
BTK423	12922975.79	3333658.676	16.17	24.17

在进行数值模拟时,钻孔数据是建立地质模型的基础,其准确性和数量对模拟结果的影响至关重要。23 个钻孔点位可能不足以完整地描述研究区大范围的地质情况,但在一定程度上仍然适用于数值模拟试验。钻孔点位可以提供研究区域的关键地质信息,如不同地层的分布、厚度和性质等,使用这 23 个点位可以建立研究区域一定范围内较为可靠的地质模型,可从地层分层以及地层岩性来描述研究区域的基本地质情况。

5.4.4　三维地质实体模型

三维地质实体模型是一种用来描述地质结构和地质属性的数学模型,可以用来模拟地球内部结构、地下水流、矿床分布等。三维地质实体模型一般基于地质勘探数据,通过将数据转化为数学模型,来描述地质结构和属性的分布情况。对研究区域进行三维地质建模、分析和三维可视化,生成具有高度真实感的三维地质模型,将更有利于认识、理解、学习、研究和解释地下水在复杂地层结构间的运动规律。

以研究区域地质与水文地质资料的收集与整理为基础,依托 GMS 地下水

数值模拟软件中的 Soild 模块,建立研究区域三维地质模型。其中钻孔分布如图 5.5 所示。模型构建主要步骤有:

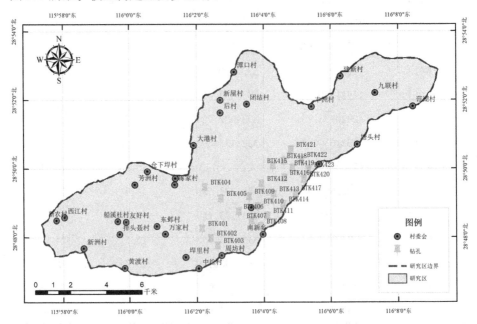

图 5.5　赣江尾闾综合整治工程研究区域钻孔分布图

(1)将研究区域内获取的钻孔参数导入 Excel 中,并依据 GMS 中的钻孔数据格式进行处理,包括钻孔名称、钻孔坐标、钻孔标高、地层厚度信息等,随后进行地层信息的概化,并将其导入 GMS 中,通过 Boreholes 模块生成钻孔图。

(2)导入钻孔数据使用 Boreholes 模块生成钻孔后,首先通过 Auto-Assign Horizons 为钻孔地层自动分配地层 ID 信息,其次使用 Boreholes 模块中的 Auto-Create Blank Sections 构建研究区域的剖面并结合 TIN 地面模型对剖面进行高程拟合,再次通过 Auto-Fill Blank Cross Sections 对研究区域的不同地层进行填充。填充完毕后,依据钻孔地层岩性分布信息进行检查并对截面进行调整,以使构建的模型能更好地反映研究区域的地层特性,最终得到研究区域钻孔图以及地层结构剖面图。

(3)通过 GIS 模块导入在 Arcgis 中已经处理完毕的研究区域 shp 线文件,首先使用 Convert to 将其转换为 Map data 中的 Boundary 文件,再利用 Feature Objects 模块中的 Build Polygons 命令将 Boundary 线性边界文件转换为面文件,使用 TINs 中的 Horizons→Soild 构建研究区域三维地质模型。

5.5 水文地质概念模型

在现实环境中地下水运动规律的研究存在重重困难,真实环境中的水文地质环境是极其复杂且难以研究的,水文地质概念模型的出现则可以较好地解决此类问题。现阶段对地下水流运动规律的研究大多建立在数值模拟技术之上,需要构建研究区域水文地质模型,在本质上是对水文地质条件的一种概化:将复杂的环境抽象地概化成便于研究的模型。因此,构建合理的水文地质模型是研究成果真实可靠的基础。

水文地质模型的构建需要大量的基础资料。因此,在对研究区域建立概念模型前,进行了资料收集工作,收集了大量关于研究区域的基础资料。

建立水文地质概念模型的一般步骤为:首先通过对研究区域进行网格划分来刻画地层结构的空间特性;其次通过野外调查和前期收集的数据对研究范围和边界条件进行概化;再次需要确定相应参数;最后设置源汇项并对应地导入数据。

5.6 含水层特征概化

研究区域的含水层主要类型有孔隙潜水和基岩裂隙水两种。研究区域处于赣江尾闾赣江北支与中支之间,为一封闭圩区,主要接受大气降水和部分基岩裂隙水补给,与赣江水力联系密切。含水层结构整体可表述为:岩土颗粒自上而下逐渐增大,大多为粉细砂、中粗砂、砂砾、圆砾。含水层介质颗粒增大,透水性变强,富水性明显增强。

5.6.1 边界条件概化

在 MODFLOW 模型中,边界条件是指区域的边缘以及其他特殊地点的水位、水流方向和水流量等信息。这些边界条件的设定是建立数学模型和计算的基础。边界条件的选择和设置直接影响模拟结果的准确性。

(1)垂直边界概化

研究区域顶部边界潜水含水层的潜水自由水面,以及顶部边界与外部进行水量交换,主要通过大气降水、部分基岩裂隙水补给以及农田灌溉排泄等方式。研究区域所处地形地貌属于典型的河湖冲积平原地貌,底部地层岩性主要为砂砾、圆砾等粗颗粒岩土体,常年处于高含水率状态甚至饱和状态,极少与地表水交换循环。研究区域底部边界主要由各种坚硬的岩石构成,大多为透水性较差的第三系地层,与第四系含水层之间的水力交换较弱,故认为该地层底部为该含水层的底板,可将其概化为隔水边界。

(2)侧向边界概化

本次研究的内容是赣江尾闾综合整治工程枢纽建成蓄水后对库岸坝后地下水位的影响以及浸没范围。研究区域位于赣江北支与中支之间,是典型的河间地块,与赣江北支和中支水力联系紧密。本文主要研究赣江尾闾综合治理工程建成后水位抬高对浸没区范围的影响。如图5.6所示,点 A 和点 B 分别为该工程中赣江北支和赣江中支的建闸位置,因此将曲线 AB 所在的研究区圩堤定义为一类定水头边界;图中曲线 AD 段为赣江北支右岸圩堤,与赣江北支存在水力交换,故将此概化为定向水头边界;图中曲线 BC 段为赣江中支左岸,以邻近赣江中支一侧左岸圩堤为边界,概化为定向水头边界;图中曲线 CD 段即研究区域北部边界为隔水边界,即二类边界。研究区域边界条件概化如图5.6所示。

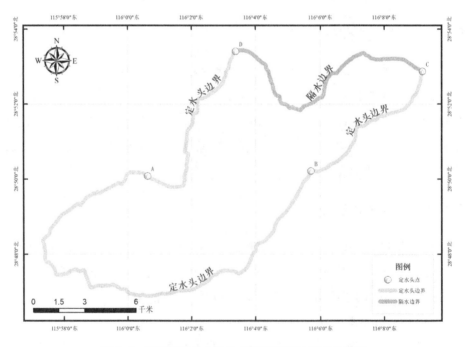

图5.6 赣江尾闾综合整治工程研究区边界条件概化

5.6.2　地下水位监测

地下水位升高是发生水库浸没现象的根本原因。研究区域浸没范围影响评价,旨在研究研究区域在受外界环境影响时地下水位的变化。在地下水数值模拟中,地下水位是模型中的一个关键参数,用来描述地下水系统的水位分布和变化情况。为确认研究区域地下水位的变化,从研究区域附近站点收集了地下水监测数据。观察站点记录数据可得知,研究区平均地下水位为 15.18 m,最大水位为 17.362 m,出现于 2020 年 7 月 13 日,最小水位为 11.191 m,出现于 2020 年 5 月 4 日。

5.7　地下水数值模拟

5.7.1　研究区域网格剖分

为了研究赣江尾闾综合整治工程研究区域地下水的变化,本次选用了 GMS 软件中的 MODFLOW 模块对其进行研究,需要对其进行网格剖分操作。研究区域总面积为 101 km², 网格划分的操作将影响最终模拟的精度。为了保证数值模拟的精度,将研究区域划分为 145 行和 231 列的规则正方形网格,在垂直方向上共划分为 10 层,共有 334950 个规则网格,其中有效网格 122463 个。

5.8　模型的识别与校正

在 GMS 中,模型识别是建立可靠和准确的数学模型的关键步骤之一,也是系统动力学建模的核心之一。模型识别的主要目的是确定系统的结构、参数和动力学特性,并验证模型的可靠性和适用性,从而使模型能够更好地描述实际系统。

5.8.1　模型识别原理

GMS 中模型识别的原理主要是基于系统动力学的理论和方法。系统动力学是一种描述系统行为的数学方法。它将系统看作由多个相互作用的部分组成的整体,并通过建立微分方程或差分方程来描述系统的动态行为。在模型识别的过程中,我们可以利用系统动力学的方法来建立数学模型,并通过对模型的参数和结构进行估计和优化来提高模型的准确性和可靠性。同时,我们也可以通过对模型的仿真和对比来验证模型的适用性和可靠性。

地下水模型的识别是一项极为重要的工作,准确来说,本质上是对边界条件、水文地质参数或者对源汇项进行不断调整的过程,直至演示结果和实际结果达到预期效果为止。

早前在 GMS 中进行模型识别需要人工手动不断调整参数以适配模型,达到预期效果,但 PEST(parameter estimation)的出现可以减少人工操作,使识别过程更加简便、高效。PEST 是 GMS 中的一个强大的参数估计工具,是一种基于反演理论的参数优化工具。它通过比较地下水模型的观测值和预测值之间的误差来确定最优的参数组合,以最大限度地提高模型的准确性和可靠性。PEST 模块可以自动调整模型参数,以逐步减小观测值和预测值之间的差距,直到达到预设的收敛标准为止。PEST 的主要作用是在模型识别的过程中,帮助用户对系统动力学模型中的参数进行优化和估计,提高模型的预测能力和可靠性。通过 PEST 的使用,用户可以更好地理解系统的行为,预测未来的趋势,并进行优化和决策。

5.8.2　模型识别与校正

根据前面对研究区域的概化等信息,对初始条件、边界条件、观测点等数据进行筛选、处理和分析后将相关数据输入模型中。首先将处理好的概念模型导入 MODFLOW 中,检查并运行模型,对观测点的实际水位值和拟合值进行比较分析,然后使用 PEST 模块进行自动调参处理,以达到预期效果。

GMS 软件为 PEST 调整过程值提供了直观的展示效果。每个观测点上方都有一个误差条,如果误差条在目标值内,误差条颜色显示为绿色;若误差超过目标值但小于 200%,则显示为黄色;如果误差超过 200%,则显示为红色。图 5.7 所示为模型校正目标示意图。

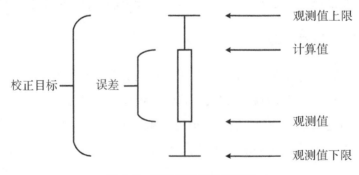

图 5.7　模型校正目标示意图

第6章 鄱阳湖流域水库浸没影响数值模拟

6.1 研究区范围

研究区域位于南昌县北部、鄱阳湖西南岸、赣江北支与中支之间,东南与南昌县蒋巷联圩隔河相望,西滨赣江主支,北与新建县廿四联圩、成朱联圩及南湖圩隔河相望,为一封闭圩区,是被赣江北支和中支包围的河间地块。圩区地势平坦,地面高程一般为 16 m ~ 18 m,地势低平,港汊、湖沼密布,是典型的河湖相冲积平原地貌。堤外赣江中、北支 I 级地发育,阶面高度较小,一般为 1 m ~ 2 m,部分地段有塌岸现象。圩内水塘、洼地、取土坑等多沿堤线呈带状分布。

区内主要为第四系地层,上层为黏土地层,下层为砂砾层,为典型的冲积平原区二元地层结构,总面积为 101 km²。研究区域的具体范围如图6.1所示。

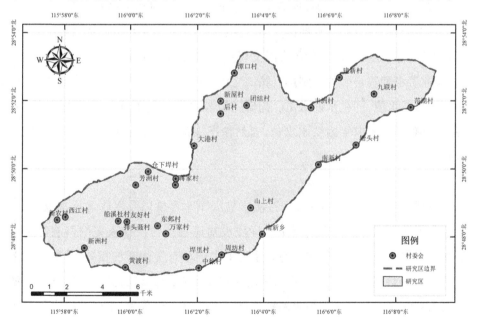

图6.1 赣江尾闾综合整治工程研究区范围图

6.2 研究区水库浸没影响研究思路

赣江尾闾综合整治工程研究区位于赣江冲积平原的地势低缓地区。对该地区的研究需要明确浸没现象的影响因素、影响对象,影响范围以及影响程度如何界定。

6.2.1 影响因素

水库浸没研究的影响因素是多方面的,包括地形地貌、地层岩性、补给径流排泄、降雨情况、气候特征、水库运行水位、水文地质条件、河道和水库的影响、人类活动的影响等。赣江尾闾综合整治工程研究区属于典型的二元平原结构。我们主要从地表水位变化、筑坝高度以及地层结构 3 个方面入手,进行浸没范围研究。

(1)地表水位变化

地表水位变化伴随季节、气候的变化而动态变化。每年汛期多出现在 3~7 月份,春夏两季降水量增加,地表水位上升。研究区内孔隙潜水和基岩裂隙水与赣江水力联系密切,丰水期接受赣江的补给,造成水库水位持续高涨,出现年内高水位,即洪水水位,较易形成浸没现象。枯水期伴随着降水量减少,气候干旱,孔隙潜水和基岩裂隙水则排入赣江之中,使得地下水位呈现下降趋势,易出现年度最低水位,即枯水期水位。为研究地表水位的变化对水库库边浸没区的浸没影响,我们将取年内洪水水位、自然情况下的稳定水位以及枯水期水位进行研究。

(2)筑坝高度

筑坝高度的选择与确定,将直接影响水库库容量以及水库运行水位,从而影响丰水期与枯水期极限情况下水库浸没对库边地区浸没灾害的影响范围和浸没灾害程度。水库运行水位与库岸地下水位动态变化密切相关,是影响地下水位动态变化的主要因素。研究区地表水系发育,沟、塘、坑密布,地下水类型主要为孔隙潜水和基岩裂隙水两种类型。水库投入运营后,水库蓄水水位高于地下水位,受地层岩性与地层结构影响,地下水位壅高,极易对库边产生浸没影响。

(3)地层结构

研究区为典型的二元地层结构,上层为黏土地层,下层为砂砾层。主要考虑水库库岸的地层岩土厚度、透水性、岩土类型以及地层结构。岩土类型的透水性与水库浸没关系明显,若地层岩性多为砂性土或粗粒土,当水库蓄水位高于水库岸边地下水位时,则该地层岩性有利于浸没现象的发生。在地下水位埋深相同的情况下,砂性土或粗粒土透水性较强,极易造成土壤含水率过高甚至饱和,对农作物根系影响很大,浸没灾害严重。

6.2.2　影响对象

水库浸没常发生在每年的汛期:地表水位上升导致地下水位上升,从而发生浸没现象。研究区内常见的影响对象主要包括以下 3 类:

(1)农作物与土壤:研究区多为田地以及水塘,若发生浸没,地下水位埋藏较浅的农田区域的土壤含水率过高,在蒸发作用下,易出现土壤盐碱化,农作物根系处水分过多导致根系溃烂,影响农作物正常生长进而导致减产。

(2)建筑物的稳定性:发生水库浸没现象,会使周边地下水位壅高、岩土浸润、含水率增高,影响岩土力学性质,使建筑物地基承受力下降,极易出现建筑物墙体开裂、地基下陷、地面塌陷等危及建筑物安全的现象。

(3)地下建筑物:发生水库浸没现象后,地下水位壅高往往会导致地下建筑物渗水、充水。

水库浸没现象或多或少会影响居民生活、生产以及经济发展。

6.2.3　影响范围

要界定影响范围就必须找出在单层、双层甚至多层岩性的地层结构下,在某个高度的地表水位的作用下,岩土透水性的变化。通过研究处在此状况下的透水性变化,进而研究渗透距离以及渗透高度,从而预测浸没灾害的影响范围。

6.2.4　影响程度

为了定量分析研究区受水库浸没影响的程度,且直观地以可视化的形式展示,本文采用临界地下水位埋深确定的形式来划分浸没等级。通过评价浸没区地面高程、建筑物基础埋深、植物根系最大深度等评价浸没情况。

6.3 水库浸没评价

6.3.1 水库浸没判别公式

水库浸没标准是指在水库正常蓄水位下,地下水对土地、建筑物、道路和各种农作物的安全埋深,即出现浸没现象时地下水临界埋深。如果壅水后的地下水位达不到临界埋深,则不会出现浸没现象;若超过临界埋深,则该区域会受到浸没现象的影响,从而对该区域的土地、农作物、建筑物等产生影响。

判别某区域是否属于浸没区根据当地临界埋深与该地地下水位埋深之间的关系来确定。当研究区某区域内的地下水埋深 H_{wd} 小于等于浸没研究区内的地下水临界埋深时,即公式(61)成立时,则该区域便被认定为浸没区域。由下列公式可得知,浸没区内的地下水临界埋深受某点地下水位高程 H_{uw}、地下水位以上毛细水上升高度 H_k 和安全超高值 ΔH 直接或间接的影响。具体关系如下所示:

$$H_e - H_{uw} = H_{wd} \leqslant H_{cr} = H_k + \Delta H. \tag{6.1}$$

式中:

H_e——某点地面高程/m;

H_{uw}——某点地下水位高程/m;

H_{wd}——某点地下水埋深/m;

H_{cr}——浸没研究区内的地下水临界埋深/m;

H_k——地下水位以上毛细水上升高度/m;

ΔH——安全超高值/m。

6.3.2 毛细水上升高度

毛细水上升高度是毛细现象的具体表现,毛细现象是由弯液面力引起的,而弯液面力是具有表面张力的液面在弯曲时产生的。当液面弯曲时,液面边缘部分作用于液面中心部分的表面张力,不会位于同一个平面上,所以它必然有一个合力,这个合力使水分子运动,最后达到平衡。这个合力就是弯液面力,也叫毛细力。

人们通常用毛细力计算公式来确定,结果与实际偏差较大(尤其是黏性土)。对于砂土而言,毛细力与毛细上升高度是相同的。但对于黏土而言,由于孔隙中的水有结合水,具有抗剪强度,因此,与黏性土中测压水位不等于含水带厚度的原理相同,毛细力也不等于毛细上升高度。两者之间的关系见公式(6.1)。

以往的研究表明,毛细上升带接近饱和,这样可以通过野外测定土的含水量,从含水量变化曲线来确定。这种确定 H_k 的图解法,比较适合砂土或分选性差的土,因为这些土中的水分分布呈阶梯状。

在此前提下,我们给出地下水毛细上升高度的操作定义:"地下水毛细上升带顶部明显湿润的界面到潜水面的距离"。它比理论定义"在毛细力作用下,水沿着土中微细孔隙上升的最大高度"更直观,更容易让人们把握和操作。

有了操作定义,人们就可以按照一定的程度和技术要求进行活动。确定 H_k 的程序:野外取土样,测定不同深度土壤的天然含水率 $> Q_w$ 或饱和含水率 S_w,绘制 Q_w、S_w 与深度 Z 的关系曲线,然后用图解法确定毛细水上升高度。

根据以上论述,我们先后在赣江尾闾综合治理工程河间地块采用洛阳铲取土、钻探、坑探和槽探的方法,对典型地层剖面,开展不同含水率的测试。野外工作具体选点如表6.1所示。

表 6.1 赣江尾闾取样工作具体部署

序号	区域	坐标		野外编号	备注
		经度	纬度		
1		116°3′37.93″	116°3′37.93″	BJM01	洛阳铲取土
2	赣江尾闾综	116°3′2.61″	28°48′53.87″	BJM02	洛阳铲取土
3	合治理工程	116°4′15.97″	28°48′39.10″	BJM03	洛阳铲取土
4	河间地块	116°4′19.68″	28°49′18.71″	BJM04	洛阳铲取土
5		116°4′39.06″	28°49′4.49″	BJM05	洛阳铲取土

(a)洛阳铲取样

(b)坑探取样

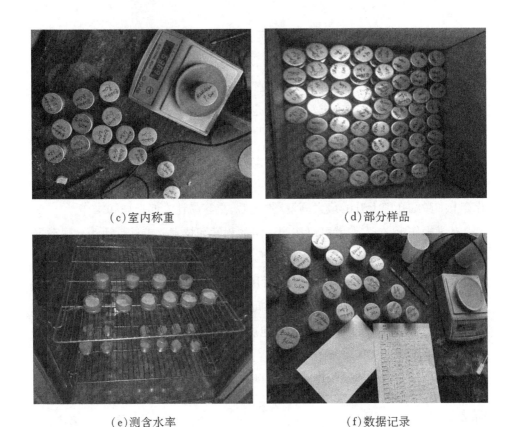

(c)室内称重　　　　　　　　　　(d)部分样品

(e)测含水率　　　　　　　　　　(f)数据记录

图6.2　试验过程

毛细水上升高度 H_k 的确定,将影响该区域的地下水临界埋深,进而影响该区域的浸没区范围影响评价。对研究区选取 5 个点位进行试验,图 6.2 所示为含水率与深度的关系,通过图解法可获得地下水临界埋深。具体分析如下:

从图 6.3(a)中可以看出,取样孔 BJM01 的潜水面到毛细水上升高度顶水板的间距 H_k 约 0.8 m。

图 6.3(b)中钻孔 BJM02 的潜水面埋藏深度大于 3 m,地下水埋藏较深,含水率总体上随着深度逐渐变小,表示无法通过含水率与深度的关系曲线确定毛细水上升高度,须另行根据饱和含水率与深度的关系曲线进行确定。

图 6.3(c)显示,钻孔 BJM03 壤土层厚度约 0.4 m,其下为黏土层,潜水面至毛细水上升顶界面的高度 H_k 约为 0.6 m。

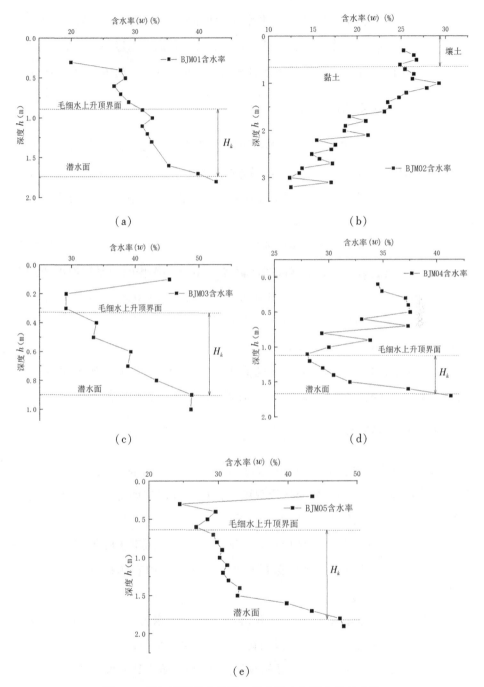

图6.3 赣江尾闾综合整治工程含水率与深度关系曲线

图6.3(d)为取样孔 BJM04 的含水率与深度的关系曲线。野外调查表明，其壤土厚度为0.8 m，潜水面至毛细水上升高度顶界面的高度 H_k 约为0.5 m。

图 6.3(e)为取样 BJM05 的含水率与深度的关系曲线。野外调查表明,其壤土厚度约为 0.6 m,潜水面至毛细水上升高度顶界面的高度 H_k 约为 1.0 m。

综上所述,研究区内的毛细水上升高度取其最大值,故 H_k 取值为 1.0 m。

6.3.3　安全超高值的选定

由公式(6.1)可知,浸没区内的地下水临界埋深由毛细水上升高度 H_k 和安全超高值 ΔH 确定。安全超高值 ΔH 的选定分两种情况:对于农业来说,ΔH 值即为农作物的根系层厚度;而对于建筑物而言,ΔH 的取值则取决于建筑物载荷、基础形式以及砌置深度的影响。

通过对研究区的调查,区内农作物主要有水稻、油菜、玉米、豆类和蔬菜,耕地主要种植水稻和油菜,部分区域种植蔬菜。主要农作物的根系层厚度情况分别为:水稻为 0 m～0.3 m;油菜为 0.4 m～0.5 m;玉米为 0.8 m～1.0 m;豆类为 0 m～0.8 m;蔬菜为 0.5 m～0.8 m。研究区居民楼房一般为 1～3 层的砖混结构建筑,基础埋深为 1.0 m～1.5 m。

综上所述,对农业而言,安全超高值 ΔH 取最大值 1.0 m;对建筑物而言,安全超高值 ΔH 取最大值 1.5 m,以此评估研究区受浸没影响的范围。

6.3.4　水库浸没影响评价分区

水库浸没影响评价分区方法依据实测区域地下水埋深与浸没研究区内的地下水临界埋深的差值来判断浸没程度。依据浸没影响评价标准,浸没区分为 3 类:未发生浸没区、轻微浸没区以及严重浸没区。

(1)当 $H_{wd} > H_{cr}$ 时,研究区内某点地下水埋深大于地下水临界埋深,说明未发生浸没现象,即当前地下水埋深暂未达到对研究区内农作物、地基或道路产生影响的程度。

(2)当 $H_k < H_{wd} \leq H_{cr}$ 时,地下水位埋深大于毛细水上升高度而小于地下水临界埋深,此区域被定义为轻微浸没区,即此时地下水位已经在区域范围内造成或多或少的浸没灾害,应当做好相应的预测措施,防止其危害性进一步加大。

(3)当 $H_{wd} < H_k$ 时,地下水位埋深已经高于地下水临界埋深,此时对区域范围内的浸没影响最为严重。若地下水位埋深长时间处于该状态,将会导致土壤含水率增大甚至处于饱和状态,区域范围内农田中的农作物根系将出现腐烂现

象,导致农作物大量死亡甚至减产,建筑物地基、道路根基将出现开裂、地面塌陷等情况。

依据水库浸没判别公式(6.1)所示关系,结合试验获取的毛细水上升高度和安全超高值,确定地下水临界埋深,如表6.2所示。

表 6.2　研究区内地下水临界埋深

浸没程度	浸没条件	地下水临界埋深/m	
		农作物	建筑物
未浸没	$H_{wd} > H_{cr}$	$H_{wd} > 2.0$	$H_{wd} > 2.5$
轻微浸没	$H_k < H_{wd} \leqslant H_{cr}$	$1.0 < H_{wd} \leqslant 2.0$	$1.0 < H_{wd} \leqslant 2.5$
严重浸没	$H_{wd} < H_k$	$H_{wd} < 1.0$	$H_{wd} < 1.0$

由公式(6.1)可知,$H_e - H_{uw} = H_{wd} \leqslant H_{cr}$,某点地下水埋深 H_{wd} 受某点地面高程 H_e 和某点地下水位高程 H_{uw} 影响,即判断某一地点的浸没程度需要获取其地面高程和地下水位高程以便获取研究区的地下水埋深,从而依据判别公式原理划分出浸没分区。

6.4　地表水位变化对浸没影响的评价

地表水位变化会对浸没区范围产生重要影响。浸没区是指地面以下的区域,可能被地下水或地表水淹没。当地表水位上升时,浸没区的范围可能会扩大,因为地下水会被抬升到地面上,导致地表水位升高。

如果地表水位上升到地面上,可能会导致地面积水或洪水的形成,使浸没区域增大。此外,地表水位升高还可能导致土壤饱和,可能导致出现土地沉降或滑坡等问题。这些问题可能会对附近的人们和生态环境造成负面影响。反之,当地表水位下降时,浸没区的范围可能会缩小。如果地表水位下降到地下水位以下,则地下水可流向地表,从而减小浸没区的范围。

因此,地表水位的变化对于浸没区的范围具有重要影响,在进行数值模拟时考虑到洪水水位、干旱水位以及常规水位的变化,可以更准确地模拟出不同情况下的浸没区范围。这些模拟可以帮助我们更好地了解水文环境的变化,为水资源管理、防洪减灾等工作提供科学依据。

6.4.1　地下水位预测

为了研究赣江尾闾综合治理工程中支浸没区范围与水位变化之间的变化

规律,我们分别选取研究区干旱水位、常规水位以及汛期水位对浸没区进行数值模拟研究。

根据研究区附近站点的地下水监测数据(图6.4)可知,在此期间,水位月平均值为15.751 m,最大值为17.362 m,最小值为11.191 m。因此,我们选取最大值、最小值、平均值分别作为研究区内干旱水位、常规水位和汛期水位对浸没区进行数值模拟分析,并模拟研究区在该水位影响下的地下水位变化。

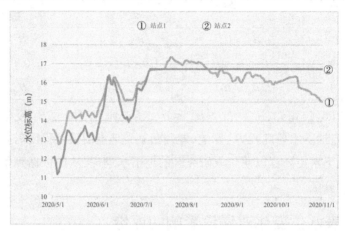

图6.4 赣江尾闾综合整治工程研究区水位监测图

依据上文中构建的数值模拟模型以及确定的3种情况下的水位信息,分别对边界条件进行对应的修改,之后导入数据,计算出在干旱水位、常规水位和汛期水位下研究区的地下水等水位图。

由图表结果可知,当地表水位抬升时,研究区内的等水位线分布均由东北区域朝西南方向递增。在3种不同的水位情况下,处于曲线 AB 段范围内的地下水位均处于较高值,曲线 BC、AD 方向的地下水位递减。3种不同的水位情况下,研究区的详细等水位线数据如表6.3所示。

表6.3 不同地表水位模拟结果等水位范围

地表水位/m	等水位最小值/m	等水位最大值/m
11.191	11.20	13.13
15.751	15.70	15.79
17.362	16.73	17.39

6.4.2　浸没范围预测

在干旱水位、常规水位以及汛期水位3种不同的水位情况下进行数值模拟,依据水库浸没判别公式(6.2)以及水库浸没影响评价分区原理,研究区内的浸没范围。研究结果如图6.5、图6.6、图6.7和表6.4所示。

由图6.5可知,当地表水位为干旱水位时,研究区内85%的区域不受浸没影响,而剩余15%的区域中有3%的区域为严重浸没区域,主要分布在研究区靠中心地带,研究区内受轻微浸没影响的区域为12%,主要分散在严重浸没区域附近,呈环形包围严重浸没区域,少数分布在研究区西南区域。

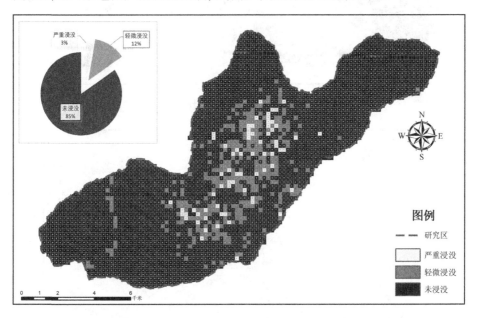

图6.5　地表水位为11.191 m时研究区浸没范围

当地表水位为常规水位时,严重浸没区域占研究区的60%,相较于干旱水位时增加57%,共有81%的区域受到浸没灾害的影响。其中,受浸没灾害最为严重的区域为研究区中部,分别朝东北和西南方向散开。研究区东北区域和西南区域存在部分未受浸没灾害影响的区域,中部受灾程度最为严重。浸没影响范围详细情况如图6.6所示。从地表水位为11.191 m和15.751 m时的浸没范围预测结果与研究区等值线图可以看出,两种不同地表水位的等水位线在空间分布上,整体变化趋势具有一定的规律性,浸没程度和范围都是由研究区中部朝东北、西南方向扩张,与该区域地势起伏情况基本保持一致。

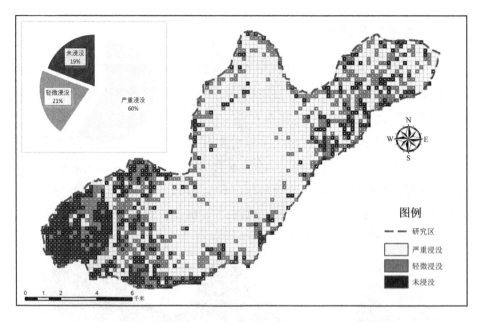

图6.6　地表水位为15.751 m时研究区浸没范围

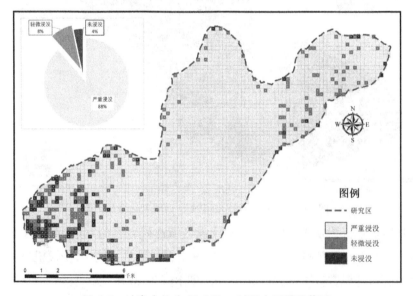

图6.7　地表水位为17.362 m时研究区浸没范围

当模拟水位为汛期水位即水位为17.362 m时,研究区内受浸没影响的范围增加到96%,仅有4%的区域不受浸没影响,严重浸没区域则增加到88%,相较于常规水位增加了31%。其中,未受浸没影响的范围主要集中在研究区西南部,少部分分散在研究区东北区域。

随着干旱水位上升到常规水位,严重浸没区域由初始的3%增加到60%,出现了骤增的现象。地表水位上升到汛期水位时,严重浸没区域增加到研究区总面积的88%,约为88.88 km²。与此同时,轻微浸没区域由初始的12%上升到21%,然后再下降到8%。未浸没区域则由干旱水位时占研究区总面积的85%下降到4%,呈明显下降趋势。不同地表水位情况下研究区浸没影响范围面积及其占比以及浸没评价如表6.4所示。

表6.4　不同地表水位情况下浸没影响预测评价表

浸没评价		干旱水位	常规水位	汛期水位
严重浸没	面积/km²	3.03	60.60	88.88
	百分比	3%	60%	88%
轻微浸没	面积/km²	12.12	21.21	8.08
	百分比	12%	21%	8%
未浸没	面积/km²	85.85	19.19	4.04
	百分比	85%	19%	4%

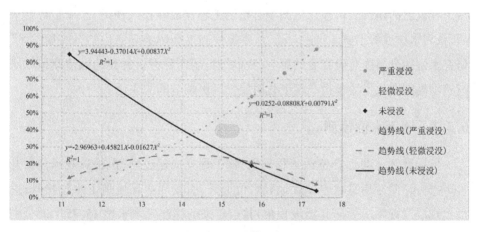

图6.8　不同地表水位的浸没范围预测分析图

由以上图表以及不同地表水位的浸没范围预测分析图(图6.8)可知,随着地表水位的上升,研究区内受浸没灾害影响的区域呈现上升趋势;严重浸没区域增加最为明显,随着地表水位上升而呈现出不断增加的趋势;轻微浸没区域呈现先上升后下降的趋势。而伴随着地表水位的上升,研究区内的未浸没区域则逐步减少。

出现这种情况的原因主要是地表水位升高导致地下水位抬升。随着地表水位的抬升,地表水位高程高于地下水位埋深高程,地表水入渗,补给地下水,导致全区地下水位抬升,进而导致研究区内的浸没区域随着地下水位的增加而出现扩大的趋势。

由水库浸没判别公式以及毛细水上升高度和安全超高值的选定可得知,研究区内的浸没灾害为轻微浸没时,暂未对研究区内的农作物造成影响。而当浸没灾害升级成严重浸没时,由于该区域内的测点地下水埋深小于该区域的毛细水上升高度,并且在研究区内农作物根系最大深度只能达到 1 m 的情况下,农作物根系将处于地下水浸没状态。若地下水位长期如此,则会导致农作物根系溃烂,造成农作物减产。

6.5 筑坝高度变化对浸没影响的评价

由于本次主要针对不同条件下研究区的浸没影响范围进行研究,而除了地表水位变化会引起地下水位抬升,进而导致研究区发生浸没灾害,人为活动也会引发研究区浸没灾害,而在此次的研究中,人为活动主要指赣江尾闾综合整治工程枢纽的建设。待赣江尾闾综合整治工程建成并投入使用,水库正常蓄水后,景观水位或将抬升 4 m~6 m。水库筑坝高度会影响到水位抬升高度,为了研究水位抬升高度对研究区的影响,我们进行了两种假设方案的数值模拟以研究筑坝高度变化导致水位高度变化时浸没区影响范围的变化。

6.5.1 地下水位预测

依据赣江尾闾综合整治工程规划,该工程完成建设后,拟将景观水位抬升 4 m~6 m。筑坝后蓄水将导致地表水位上升,引发周边环境地下水位抬升,进而出现浸没现象。为研究浸没现象,将近年来的赣江常规水位 15.751 m,分别增加 4 m 和 6 m,即水库蓄水水位分别为 19.751 m 和 21.751 m 时,将其概化为工程建成后的正常蓄水位,并确保下游河道水位保持在常规水位(15.751 m),对原模型边界条件等进行调整,继续后续的数值模拟,对研究区内的地下水位和浸没范围进行预测,模拟浸没区在该情况下的浸没范围以及受灾程度。

依据以上设计方案进行模拟,模拟筑坝使得蓄水水位抬升。

由模拟结果可知,水位抬升至 19.751 m 和 21.751 m 时,研究区等水位线依旧由东北区域向西南区域逐渐递增,并且在西南区域达到最大值。由筑坝导致不同水位抬升高度模拟结果等水位范围表(表6.5)可知:当水库蓄水位分别抬升 4 m 和 6 m 时,模拟结果中,等水位最小值分别为 15.80 m 和 15.73 m,两者相差较小;而等水位最大值分别为 19.80 m 和 21.85 m,两者差值接近水库蓄水位抬升差值。

表 6.5　筑坝导致不同水位抬升高度模拟结果等水位范围

水位抬升高度/m	等水位最小值/m	等水位最大值/m
4	15.80	19.80
6	15.73	21.85

6.5.2　浸没范围预测

在筑坝高度发生变化,景观水位分别抬升 4 m 和 6 m,蓄水水位分别为 19.751 m 和 21.751 m 时,研究区浸没范围如图6.9、图6.10 和表6.6 所示。

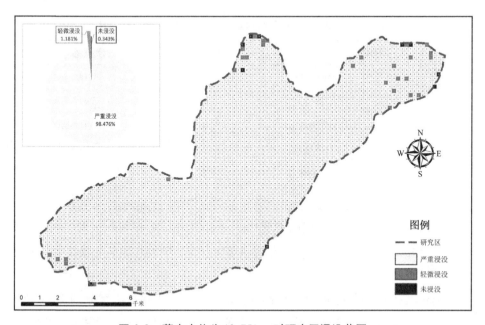

图 6.9　蓄水水位为 19.751 m 时研究区浸没范围

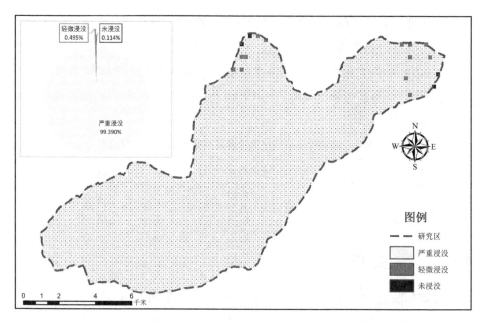

图 6.10 蓄水水位为 21.751 m 时研究区浸没范围

表 6.6 筑坝导致不同水位抬升高度浸没影响预测评价表

浸没评价		水位抬升 4 m	水位抬升 6 m
严重浸没	面积/km²	99.461	100.384
	百分比	98.476%	99.390%
轻微浸没	面积/km²	1.193	0.500
	百分比	1.181%	0.495%
未浸没	面积/km²	0.346	0.115
	百分比	0.343%	0.114%

由图表所示可知,当筑坝高度变化使得水位抬升 4 m 和 6 m 时,模拟结果显示该研究区严重浸没区域分别为 98.476% 和 99.390%,基本全域处于严重受灾状态。

当筑坝高度变化使得水位抬升 4 m 和 6 m,即地表水位高度分别为 19.794 m 和 21.794 m 时,研究区几乎全域处于严重浸没灾害状态。对其成因进行分析可知,出现该现象的主要原因是筑坝高度增加,蓄水后赣江北支和中支地表水位抬升,并且水位常年比往年常规水位高 4 m ~ 6 m。产生该浸没现象的原因主要如下:

（1）研究区地理位置较为特殊，处于赣江北支与中支的包围之中，属于河间地块区域且地势平坦，除四周堤圩地势稍高，内部居民区以及农田区域地势都相对较低，一般处于 10 m~20 m 的范围内。

（2）研究区筑坝后，蓄水水位上升，原来的排泄区转变为补给区，使得研究区地下水排泄不畅，导致地下水位能较为稳定地保持上升趋势，进而导致研究区受浸没范围扩大，并且受灾程度增加。

（3）研究区筑坝后，地表水位抬升，排泄区转变为补给区，导致研究区整体的排泄量小于地下水补给量，进而导致地下水位抬升、受灾范围扩大、受灾程度加重。

6.6　地层结构变化对浸没影响的评价

根据研究区勘探深度范围内黏性土、粗粒土的分布与组合关系，地层结构主要分为单层结构（Ⅰ类）、双层结构（Ⅱ类）及多层结构（Ⅲ类）。单层结构（Ⅰ₁）主要为表层黏性土不大于 1.0 m 的单一粗粒土结构。根据上部黏性土厚度的不同又可将双层结构分为两种类型：第一类（Ⅱ₁类）为由上部的厚 1.0 m~4.0 m 的薄层黏性土和下部的粗粒土组成的双层结构；第二类（Ⅱ₂类）为由上部厚度不小于 4.0 m 的厚层黏性土和下部的粗粒土组成的双层结构。根据堤基表层岩性及厚度的不同又可将多层结构分为两类：第一类（Ⅲ₁类）为由表层粗粒土构成的多层结构；第二类（Ⅲ₂类）多层结构由表层厚 1.0 m~4.0 m 的薄层黏性土构成。

当地表水位高于堤内地面且持续时间较长时，Ⅰ₁、Ⅱ₁、Ⅲ₁、Ⅲ₂类结构类型堤基存在渗透变形（或破坏）的可能。

为了研究地层结构变化对研究区浸没范围的影响，我们通过收集研究区地质与水文地质资料、土壤物理性质数据，通过钻孔信息获取各钻孔所处地理位置、地层岩性以及厚度。因研究区范围广，地层岩性和地层结构较为复杂，故对已采集的钻孔数据与各地层信息进行概化处理，对每个钻孔最上面的两层地层岩性进行概化处理和整理，并将相关数据导入 GMS 中，以分析河间地块地层结构变化对浸没范围的影响。

6.6.1　河间地块承压含水层模型

当上层是渗透系数较小的黏土层，下层是渗透系数较大的粗颗粒土层，在黏土层钻孔勘探时会出现地下水透过下层粗颗粒土,最后在上层的黏土层被阻隔的现象。黏土起始水力坡降 I_0 可通过室内试验和野外试验测得,计算公式为:

$$I_0 = \Delta H / \Delta M. \tag{6.2}$$

式中:

ΔH——初见水位与稳定水位差/m;

ΔM——第一次测定水位时孔深含水层顶板深度/m。

当钻孔深度达到 a 点(为初见稳定地下水位)时,继续向下钻探,距离分别为 L_0、L_1,地下水位分别上升了 Δh_0、Δh_1。到钻孔穿透黏土层到达 d 点,即当钻孔深度达到 L_2 时,地下水位抬升高度为 Δh_2。此时,高度 H 为黏土下层含水层的水位,显然:

$$\Delta h_0 / L_0 = \Delta h_1 / L_1 = \Delta h_2 / L_2 = (\Delta h_0 + \Delta h_1 + \Delta h_2) / (L_0 + L_1 + L_2)$$
$$= (H - T) / T = I. \tag{6.3}$$

由于黏土层中的地下水水位是稳定的,因此 $V = 0$,将其代入表达式中可得 $I = I_0$,进而可推导出黏土层的含水带厚度 T:

$$T = H / (I_0 + 1). \tag{6.4}$$

式中:

H——黏土层下层含水层的水位;

I_0——黏土层起始水力梯度;

T——弱透水层中的含水带厚度。

上述公式不适用于黏土层厚度小于黏土层下层含水层水位(即 $M < H$ 时)的情况。$M < H$ 时应使用如下公式:

$$T = H - I_0 M. \tag{6.5}$$

研究区被赣江北支和赣江中支包围,是一个典型的二元结构的河间地块结构,其含水层主要由孔隙水层和裂隙水层组成。孔隙水层主要分布在第四系沉积岩层中,包括砂砾层、砂层和黏土层。研究区上部地层岩性主要是壤土、黏土、淤泥质黏土,其整体渗透系数较小,透水性较差。中部地层为渗透系数较大的粗粒土且下部为砂砾、圆砾等粗粒土岩土体。因其常年处于高含水率状态甚至饱和状态,故上部黏土层底部为饱和状态的岩土体,可将其视为承压含水层模型结构。因此,该研究区更适合使用承压含水层模型进行模拟。

在水库蓄水前,通过钻孔勘探的方式,分别在坡脚处和距离堤坝 L m 处钻穿黏土层以获取黏土层下层的承压水头 H_1、H_2,并得出计算单宽流量的公式:

$$q = -KM\frac{dH}{dx} = KM\frac{H'_1 - H'_2}{L}.\tag{6.6}$$

水库蓄水水位抬升后,单宽流量保持原值,即 $\frac{dH}{dx}$ 保持不变。因此,水位抬升后,承压水头计算公式为:

$$H = H_1 - \frac{q}{KM}x = H_1 - \frac{H'_1 - H'_2}{L}x.\tag{6.7}$$

式中:L,x 分别表示截面 ZK2-ZK1、任意截面至堤坝坡脚的距离/m;H'_1 表示水库蓄水前堤坝坡脚 ZK1 处的承压水头/m;H'_2 表示水库蓄水前 ZK2 距离堤坝坡脚 ZK1 L m 处的承压水头/m;H_1 表示水库蓄水水位抬升后,堤坝坡脚 ZK1 处的承压水头/m。

以黏土层底板为计算基准面,将公式(6.7)代入公式(6.4)可得黏土层含水带厚度的计算公式:

$$T = H/(I_0 + 1) = \frac{H_1 - \dfrac{H'_1 - H'_2}{L}x}{I_0 + 1}.\tag{6.8}$$

将(6.7)代入公式(6.3)中可得如下公式:

$$T = H - I_0 M = H_1 - \frac{H'_1 - H'_2}{L}x - I_0 M.\tag{6.9}$$

6.6.2 浸没影响分析

为充分了解研究区地层结构对其浸没范围的影响,我们从以下几个方向对地层结构进行分析:

(1)通过分析研究区浸没范围平面分布特征、典型钻孔垂直方向浸没高度分布特征,并结合所取河间地块典型浸没剖面的地层结构特点,研究赣江尾闾典型河间地块垂直方向含水率变化、水位变化情况,最后根据理论计算和推测浸没的高度。

(2)通过进一步分析研究区地层结构的水位变化情况,总结提出河间地块浸没分布的一般规律,并结合地下水位变化情况与数值模拟结果校对,验证结果的可靠性。

依据已获取的钻孔数据以及相关地质资料,对研究区进行地层概化处理。其部分钻孔地层概化信息如表 6.5 所示。

表 6.5 研究区部分钻孔地层概化参数表

编号	经度	纬度	高程	Solid	岩性	厚度/m
BTK401	116°02′09.2″	28°48′12.4″	14.33	1	黏土	6.8
BTK401	116°02′09.2″	28°48′12.4″	7.53	4	粉细砂	0.4
BTK402	116°02′25.0″	28°47′55.5″	16.5	3	沙壤土	2.8
BTK402	116°02′25.0″	28°47′55.5″	13.7	1	黏土	2.2
BTK403	116°02′37.3″	28°47′42.3″	16.38	3	沙壤土	0.5
BTK403	116°02′37.3″	28°47′42.3″	15.88	4	粉细砂	2.7
BTK404	116°02′14.2″	28°49′24.2″	17.32	8	壤土	2
BTK404	116°02′14.2″	28°49′24.2″	15.32	1	黏土	5.2
BTK405	116°02′42.5″	28°49′04.6″	15.32	1	黏土	2.2
BTK405	116°02′42.5″	28°49′04.6″	13.12	4	粉细砂	5.7
BTK406	116°03′14.5″	28°48′42.1″	15.17	8	壤土	0.7
BTK406	116°03′14.5″	28°48′42.1″	14.47	2	淤泥质黏土	7.1
BTK407	116°03′37.6″	28°48′25.9″	16.42	3	沙壤土	3.3
BTK407	116°03′37.6″	28°48′25.9″	13.12	2	淤泥质黏土	4.9
BTK408	116°03′54.5″	28°48′16.0″	16.28	8	壤土	1.3
BTK408	116°03′54.5″	28°48′16.0″	14.98	4	粉细砂	3.9
…			…	…	…	…
BTK418	116°04′36.5″	28°50′10.1″	14.71	8	壤土	0.7
BTK418	116°04′36.5″	28°50′10.1″	14.01	2	淤泥质黏土	7.5
BTK419	116°04′51.7″	28°49′57.9″	15.58	8	壤土	1.5
BTK419	116°04′51.7″	28°49′57.9″	14.08	2	淤泥质黏土	7.9
BTK420	116°05′12.3″	28°49′37.9″	16.51	8	壤土	1.5
BTK420	116°05′12.3″	28°49′37.9″	15.01	2	淤泥质黏土	9.5
BTK421	116°04′48.5″	28°50′30.0″	15.25	1	黏土	8.8
BTK421	116°04′48.5″	28°50′30.0″	6.45	5	中粗砂	4.2
BTK422	116°05′07.6″	28°50′12.4″	15.66	3	沙壤土	1.5
BTK422	116°05′07.6″	28°50′12.4″	14.16	1	黏土	7.1
BTK423	116°05′20.6″	28°49′54.6″	16.17	2	淤泥质黏土	4
BTK423	116°05′20.6″	28°49′54.6″	12.17	4	粉细砂	2

图6.11为赣江中支地表水位为13.116 m时赣江尾闾河间地块浸没范围变化数值模拟结果图。

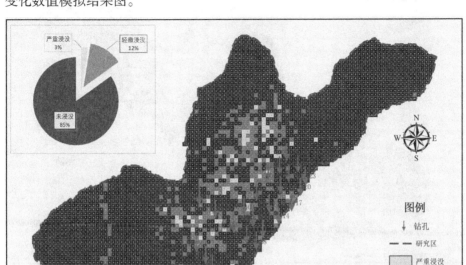

图6.11 地表水位为13.116 m时研究区浸没程度分区与钻孔分布图

由图可知:在研究区的中部,当水位变化时,局部地点发生了严重浸没,严重浸没区呈点状零星分布,严重浸没区面积不到整个河间地块总面积的3%;而轻微浸没区主要在河间地块低洼地带呈片状分布,在河间地块的西部则呈带状分布,浸没面积约占整个地块面积的12%;在研究区周边地势比较高的部位,显示未浸没,约占研究区总面积的85%。

图6.12为赣江中支地表水位为15.794 m时赣江尾闾河间地块浸没范围变化数值模拟结果图。

由图可知:当水位上涨后,严重浸没区由研究区的中部局部地点逐渐连成片,随后逐渐向四周扩散,最终严重浸没区扩大到整个河间地块总面积的59%;而轻微浸没区主要分布在河间地块东北角和西南角,局部呈片状、带状分布,浸没面积约占整个地块面积的21%;在研究区西南端地势比较高的部位,仍然有部分地块未浸没,约占研究区总面积的20%。

为找出这种分布特征与地层结构形成的原因,在这两种不同地表水位浸没工况下,基于研究区采集的钻孔信息绘制剖面图,结合图6.11、图6.12以及研究区的地层岩性结构,从中取3种不同地层结构的剖面图进行分析。

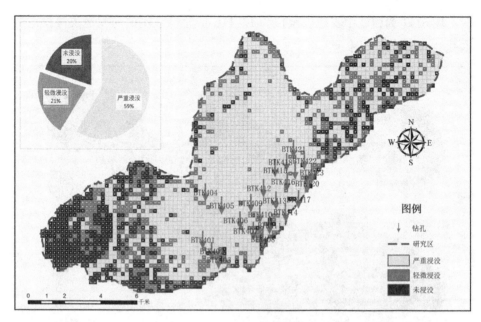

图 6.12　地表水位为 15.794 m 时研究区浸没程度分区与钻孔分布图

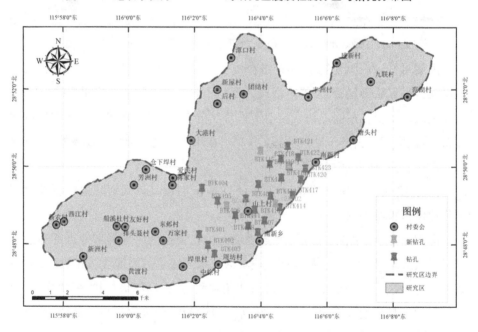

图 6.13　研究区新采集的钻孔位置分布图

　　图 6.13 为 2022 年 12 月研究区新采集的钻孔地理位置图。由研究区地理位置以及气候历史资料可知,每年 12 月至次年 2 月,赣江水位通常较低,有利于分析地层结构对地下水浸没的影响。

因此,分别在 BTK404 ~ BTK408、BTK412 ~ BTK414、BTK418 ~ BTK420 这 3 种地层结构截面上采集了 4 个钻孔数据,并绘制含水率—深度分布图。

由钻孔位置分布图可以观察到,BZK001 处于 BTK405 和 BTK406 之间,BZK002 处于 BTK413 和 BTK414 之间。通过绘制含水率—深度分布图(如图6.15、图6.17) 可知,BZK001、BZK002 含水率—深度关系曲线整体上较为相似,即含水率先随钻孔深度加大而减小。这主要是因为表层壤土中的浅表层地表水含量较大,而越往下含水率越低,到 30 cm 左右,含水率达到最低;随后地下水又逐渐增多,主要是受到地下水浸没的影响。现场开挖情况表明,BZK001、BZK002 所处地层也极为相似,上层为黏土层且厚度不厚,下层为较厚的粉细砂层。钻孔取样现场图如图 6.14、图 6.16 所示。

图 6.14　BZK001 取样现场图

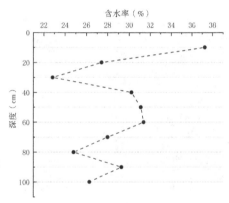

图 6.15　钻孔 BZK001 含水率—深度分布曲线

图 6.16　BZK002 取样现场图

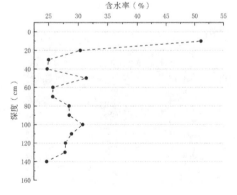

图 6.17　钻孔 BZK002 含水率—深度分布曲线

在剖面 BTK418 ~ BTK420 上分别采集了 BZK003 和 BZK004 两个钻孔。在该剖面上,两个钻孔的含水率—深度曲线变化趋势也较为相似:首先随着钻孔深度加深,含水率逐渐减小到一定数值;随着钻孔深度继续加深,含水率缓慢增加。该钻孔中上层为薄层壤土层,下层为较厚的淤泥质黏土,结合含水率—深度关系曲线可知,研究区在低水位时,含水率相对较高。BZK003 和 BZK004 钻孔深度分别达到 1 m 和 0.9 m 时,含水率分别为 42.5% 和 40% 左右,含水率较高且埋深较浅。由于区内农作物主要有水稻、油菜、玉米、豆类和蔬菜,耕地主要种植水稻和油菜,部分区域种植蔬菜。主要农作物的根系厚度情况如下:水稻为 0 m ~ 0.3 m;油菜为 0.4 m ~ 0.5 m;玉米为 0.8 m ~ 1.0 m;豆类为 0 m ~ 0.8 m;蔬菜为 0.5 m ~ 0.8 m。因此,此区域不适合根系长度大于 50 cm 的农作物生长。该剖面钻孔取样现场图以及含水率图分别如图 6.18、图 6.19、图 6.20、图 6.21 所示。

图 6.18　钻孔 BZK003 取样现场图

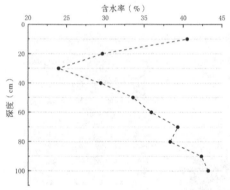

图 6.19　钻孔 BZK003 含水率—深度分布曲线

图 6.20　BZK004 取样现场图

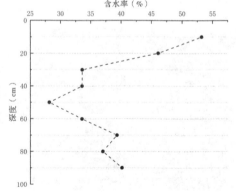

图 6.21　钻孔 BZK004 含水率—深度分布曲线

研究区内 BTK423 钻孔的地下初见水位埋深最小为 0.8 m,BTK415 钻孔的地下初见水位埋深为 4.0 m,是所取钻孔内埋深最深的。研究区内地下稳定水位埋深多集中在 1.8 m~2.7 m,所取 23 个钻孔中便有 69.57% 的钻孔处于该范围。

首先在水位由 13.116 m 上升到 15.794 m 时,BTK404~BTK408 这 5 个钻孔构成的剖面所在位置周围由原始的未浸没、轻微浸没变化为严重浸没,BTK404~BTK405 和 BTK406~BTK408 区间内还存在一些轻微浸没区域,而BTK405~BTK406 为严重浸没区域。BTK404 钻孔中部存在厚 5.2 m 的黏土层,BTK405~BTK406 上层为厚 2.2 m 的黏土层,下面为厚 5.7 m 的粉细砂,透水性能较强。BTK406 至 BTK408 的上层分别为壤土和沙壤土,厚度分别为 0.7 m 和 3.3 m,而下层皆为淤泥质黏土,含水率较高。如图所示,地下稳定水位已处于第一层与第二层地层之间。在剖面 BTK404 和 BTK408 之间,伴随水位变化,除 BTK404~BTK405 外的黏土层较厚,具有较好的防渗性能。地下水初见水位埋深亦可证明情况属实。

BTK412~BTK414 所在断面在较低水位时,该区间所在位置几乎未发生浸没。BTK412~BTK413 的区间内几乎未浸没,BTK413~BTK414 的区间内靠近 BTK414 处存在轻微浸没区域。在 BTK412~BTK414 的区域,上层为连续的黏土层;在 BTK412~BTK413 的区间内,黏土层厚度由 5.9 m 递增到 6.37 m,断面黏土层的厚度均大于 4 m。由于黏土层厚度较大,区域承压水未能刺穿黏土层,故在低水位时暂未出现浸没区域。而在 BTK413~BKT414 的区间内,黏土层厚度呈现递减的趋势:BTK413 钻孔内可见厚度为 8.8 m 的黏土层,而在 BTK414 钻孔内上层黏土层厚度仅为 3.0 m,并且下方是透水性能较好的粉细砂。

图 6.11 所示的数值模拟浸没范围显示,BTK418~BTK420 截面区域在地表水位为 13.116 m 时,暂未出现大面积浸没范围。当地表水位由 13.116 m 抬升为 15.794 m 时,未发生浸没灾害区域因地下水位抬升而发生浸没灾害。从地层结构可以看出,该区域内的 3 个钻孔地层岩性基本一致且较为连续,厚度上也较为相近。该断面显示:上层皆是较为单薄的壤土层,厚度为 0.7 m~1.5 m;下层为较厚的淤泥质黏土层,厚度分别为 7.9 m 和 9.5 m。

分析以上 3 种不同地层岩性的剖面所处地理位置的含水率以及水位情况后,采用公式(6.9)计算地表水位变化时各钻孔内的黏土层含水带厚度。计算结果如表 6.6 所示。

表6.6　各钻孔黏土层含水带厚度计算结果表

水位/m	BTK405	BTK406	BTK407	BTK408	BTK413	BTK414	BTK419	BTK420
13.116	3.94	4.03	4.09	4.13	4.96	5.04	7.58	7.37
15.794	4.72	4.81	4.88	4.92	5.95	6.03	9.15	8.95
17.362	5.19	5.27	5.34	5.38	6.53	6.62	10.08	9.87

图6.22为通过公式(6.9)计算出来的各钻孔黏土层含水带厚度结果图。

通过对研究区内不同地表水位的黏土层含水带厚度的计算,可观察到在低水位情况下,BTK404~BTK408截面内的含水带厚度为3.94 m~4.03 m;水位抬升至15.794 m后,含水层厚度上升了0.79 m。水位上升后,由于该截面黏土层较薄且含水层厚度大于黏土层厚度,该区域出现了浸没现象,结果与数值模拟吻合。

剖面BTK412~BTK414在低水位时,含水带厚度为4.96 m~5.04 m。在BTK412和BTK413钻孔,黏土层厚度分别为5.9 m和8.8 m时,该区域未发生浸没。而当水位上升到15.794 m后,含水层厚度增至5.95 m~6.03 m。因此,BTK412~BTK414属于严重浸没区域,计算结果与图6.11所示浸没范围变化结果基本吻合。

剖面BTK418~BTK420在地表水位为13.116 m时,该区域含水带厚度计算结果为7.37 m~7.58 m,并未达到研究区浸没地下水临界埋深。因此,如图6.11所示,该区域暂未出现浸没区域。当水位为15.794 m时,含水带厚度为8.95 m~9.15 m,用公式(6.1)计算可知,该区域属于严重浸没范围。

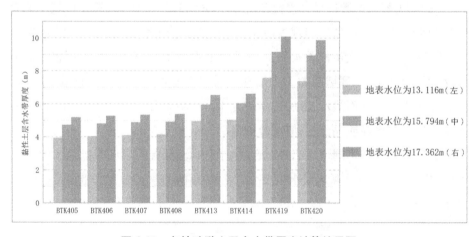

图6.22　各钻孔黏土层含水带厚度计算结果图

6.7　本章小结

本章节首先依据现场调查以及试验所收集的数据确定研究区毛细水上升高度和安全超高值,随后以上一章节中对研究区进行的不同条件下的数值模拟结果为基础,将研究区模拟结果导入 ArcMap 中进行处理,以获取更加精确的数据。依据研究区 DEM 数据提取出该区域的等值线图,并依据水库浸没标准,按照浸没程度,将研究区分成 3 种受灾区:未发生浸没区、轻微浸没区以及严重浸没区。调查研究区土地利用类型,并分析在不同模拟条件下各土地利用类型的受灾程度和受灾面积,并结合不同地表水位、筑坝高度以及地层结构进行分析、评价以及验证。

(1)当地表水位由枯水期水位抬升至汛期水位时,由于地形地貌原因,浸没区地势"中间低、四周高",中部最先成为严重受灾区域,且受灾程度最为严重。浸没程度和范围都是由研究区中部朝东北、西南方向扩张,与该区域的地势起伏情况基本保持一致。

(2)当筑坝高度变化时,水库地表水位上升。当蓄水水位为 21.794 m 时,研究区几乎全域处于严重受灾状态,未受浸没影响区域仅为 0.988 km²,仅占研究区总面积的 0.977%。

(3)随着地表水位的抬升,研究区内耕地范围进一步扩大以及受灾程度进一步加强,区域内农作物受灾程度进一步加大。在低水位时,该区域建设用地仅有 0.04% 的区域严重浸没;水位为 21.794 m 时,区域内的建设用地均处于严重浸没区内,受灾范围和程度也进一步加强。

(4)在研究区内取 3 种不同地层结构剖面,通过地层结构分析数值模拟浸没结果,结合河间地块承压含水层模型对研究区进行计算,以对数值模拟进行验证。承压含水层模型计算所得剖面 BTK404 ~ BTK408 的含水带厚度为 3.94 m ~ 4.03 m,剖面 BTK412 ~ BTK414 的含水带厚度为 4.96 m ~ 5.04 m,剖面 BTK418 ~ BTK420 的含水带厚度为 7.37 m ~ 7.58 m。结果表明,承压含水层模型计算结果与数值模拟结果较为吻合。

第7章　结论与展望

7.1　结论

本书分析了鄱阳湖区软弱土层的地质成因和空间分布特征,提出了基于沉积环境和成因历史的鄱阳湖软土的分类;利用统计分析方法,对鄱阳湖区软土的工程特性进行了统计分析,提出了鄱阳湖区软土的主要物理力学指标与含水量等的相互关系,为同类型软土的工程特性研究提供参考;通过物理 GDS 固结和 GDS 三轴剪切试验,提出典型鄱阳湖软土基质吸力的计算公式,分析了软土在不排水状态下的物理力学性质和压力变化下的变化规律,为软土工程勘察、设计及施工提供了参考;通过对鄱阳湖软土微观结构的宏观力学试验和微观结构分析,分析了不同工况下软土结构的相关性,可为软土的工程特性提出宏、微观力学方面的联系;通过数值分析和降雨物理试验等,对典型软土工程进行了裂缝成因分析和软弱夹层滑坡致灾机理分析,增强了解决软基工程地质问题的能力,为项目勘察、设计提供技术性支撑。

鄱阳湖区软土的工程特性及空间格局研究探索了鄱阳湖区软土的工程特性及分析规律,能直观便捷地为鄱阳湖区软土或内陆湖相软土工程的前期规划、选址、勘察、设计提供参考依据,及早发现前期工程勘察中软土地区的工程地质问题,并能在各区域软土中进行对比修改,大幅缩短规划、选址、勘察、设计周期,减少工程变更对整个工程进度的影响,对提高软弱土层生产效率和产品质量有极大的促进作用,并能较好地提升鄱阳湖区软土工程的研究深度,增强在类似地区实施工程勘察、设计、规划、选址以及设计市场的工程能力,推动鄱阳湖区软土工程设计工作的开展。

回顾鄱阳湖区软弱土层的工程特性和空间格局研究历程,其中有着漫长的资料收集整理、统计分析、室内试验和 SEM 扫描分析过程,有过艰难的摸索,既有创新和亮点,也有不足之处。后期在水利工程推进过程中要不断总结,针对不同类型的软基工程,逐步摸索一套适合鄱阳湖区软土的勘察设计方法,进一步认真研究鄱阳湖区独特的软土工程特性。关于鄱阳湖区软弱土层的工程特性及空间格局研究的工作经验总结如下：

（1）在战略上充分认识到鄱阳湖区软弱土层的工程特性及空间格局的重要性及行业趋势，对鄱阳湖区软弱土层的工程特性及空间格局工作给予足够的重视。

（2）选拔有一定基础的专业技术人员建立专门的鄱阳湖区软弱土层工程特性及空间格局项目组，在政策上对鄱阳湖区软弱土层的工程特性及空间格局工作适当倾斜。

（3）鄱阳湖区软弱土层的工程特性研究不仅仅来自鄱阳湖区水闸选址项目本身，还涉及鄱阳湖区水利工程专业技术知识的沉淀，以及堤防工程、采砂工程等各类软基工程，是多年积淀的资料深度挖掘与现在的分析测试技术融合提升的结果。

（4）通过鄱阳湖几个项目的试点，本课题研究成果基本上应用到鄱阳湖区软基工程的初步规划、选址及工程参数的选择等工作当中。因此，今后在研究区及同类型软基工程中，可参考研究成果中的软土工程特性、空间分布规律及成因分类来选择相应的物理力学指标。

（5）鄱阳湖区软弱土层的宏观力学和微观结构相互影响，并将长期共存。鄱阳湖区河床相软土沉积环境不一，沉积历史较长，空间结构复杂，结合宏观力学试验和微观结构分析，可以更加直观、高效地分析工程区软土的力学性质，便于前期方案设计与比较，能提高软土工程设计水平及单位形象。而对于沉积历史较短、沉积环境单一和空间结构简单的湖泊相、三角洲相、沼泽相软土，采用宏观和微观结合的试验方法也未必是工程所允许的，可以参考类似工程经验进行处理。

（6）鄱阳湖区软土的工程特性及空间格局是一个动态演化、不断变化的过程。在没有认真分析成因历史和详细勘察的情况下，在鄱阳湖区软土区域全面铺开大中型水利风险较大，对勘察设计业务不利。这就需要依托典型项目，在充分了解其软土的物理力学指标和空间格局，并积累一定的软土工程工作经验后认真参考同类软土的工程特性，制定处理措施。

（7）鄱阳湖区软弱土层的工程特性和空间格局打破了常规软土在方法上的局限。它从宏观格局、微观结构两个视角，以高效的地质分析＋矿物分析＋空间变异分析＋GDS 试验＋GeoStudio 数值分析＋降雨物理模拟等多种试验方法，为鄱阳湖区软土的工程特性和空间格局研究奠定了技术基础。为更稳健地推进鄱阳湖区软土工程建设,设计单位应结合自身业务特点建立适合传统勘察和测试的方法,结合数值分析、物理模型试验和 GDS 先进试验方法,实现平稳过渡和互补共存,并逐步出台和完善适应鄱阳湖区软土工程特性和空间结构的规划、选址、勘察、设计和管理的相关文件。鄱阳湖区软土的工程特性最终为鄱阳湖区软土工程特别是水利设施建设提供基础数据,从规划、勘察、设计到运行管理全过程为水利工程提供重要的物理力学参数,为勘察设计单位服务。

(10)通过对研究区进行不同条件下的浸没影响数值模拟,研究区建坝完成并投入使用后,蓄水位抬升 4 m ~ 6 m,即水库蓄水位为 19.794 m ~ 21.794 m 的工况下进行数值模拟。模拟结果显示,研究区内将会有 94.403% ~ 96.206% 区域属于严重浸没区,不受浸没影响的区域不足 1%。

(11)在研究区内取 3 种不同地层结构剖面,通过地层结构分析数值模拟浸没结果,结合河间地块承压含水层模型对研究区进行计算,以对数值模拟进行验证。采用承压含水层模型计算研究区河间地块在水位变化时含水层厚度的变化情况。计算结果分别为:BTK404 ~ BTK408 截面的含水带厚度为 3.94 m ~ 4.03 m,剖面 BTK412 ~ BTK414 的含水带厚度为 4.96 m ~ 5.04 m,剖面 BTK418 ~ BTK420 的含水带厚度为 7.37 m ~ 7.58 m。结果表明,承压含水层模型计算结果与数值模拟结果较为吻合。

7.2 展望

鄱阳湖区软弱土层是长江流域的一个重要工程地质条件,也是我国软弱土层的重要组成部分。目前,潟湖相(如温州、宁波)、溺谷相(如福州)、滨海相(如天津、舟山、连云港等)、三角洲相(如上海、杭州、广州)、沼泽相(如云南、贵州)等软土研究得较多,有的已经形成规范,而湖相(如鄱阳湖、洞庭湖等)软土研究得较少,已经影响到该类软土地基上的工程建设。目前,无论是鄱阳湖区的水利工程建设,还是其他行业的基础设施建设,在实际工程中都有可能遇到软弱土层,其抗剪强度、内摩擦角、结构性等各方面的研究均不足,导致勘察设计单位前期投入了大量的工作,耗费相当多的精力在软弱土层的处理上。这就要求规划、选址、勘察、设计和业主单位重视研究区软弱土层的工程特性和空间格局。

由于软弱土层受地质环境和水位变化的影响,软弱土层还具有流变性和干湿循环性,因此我们要进一步加强研究。下一步工作建议如下:

(1)通过本课题研究以及鄱阳湖其他工程项目的应用,初步提出了一套适合鄱阳湖区软弱土层的工程特性指标体系,建立起鄱阳湖区空间分布平面图形,后续通过总结与归纳,提炼区内软弱土层分布评价体系。这一体系将逐步在鄱阳湖区推广使用,进一步提高鄱阳湖区软弱土层的勘察设计工作效率。

(2)鉴于本课题研究是基于鄱阳湖水闸选址勘察,以及部分堤防勘察、采砂勘察及大桥勘察资料的理论分析及实验分析,我们仅对济益公堤裂缝成因进行探索尝试,效果较好。现阶段,结合鄱阳湖区生产项目的实际情况,仅对鄱阳湖区水闸选址勘察项目进行分析,完全应用于勘察设计还有待进一步深入尝试。下一阶段将逐步在大型工程中引入勘察设计项目,有针对性地选择工期允许的项目进行试点。

(3)结合课题研究情况,通过室内试验、数值分析和物理模拟配置基本能够分析出软土的工程特性。但是区内大多数软土工程都是中小型工程,完全采用这些复杂的方法或成本太高,或难以实现。这就需要专业人士制定相应的鄱阳湖区软土规范或标准,使区内软弱土层的工程特性既满足区内用户的需求,又能满足水利行业的要求,还能为全国及共建"一带一路"国家的类似软弱土层的勘察设计提供经验。这就需要进一步加强内陆湖相软弱土层的规范化、标准化研究。

(4)软基问题已成为勘察设计行业面临的主要工程地质问题,也是水利水电行业在新形势下亟须解决的关键问题之一。而研究鄱阳湖区软弱土层的工程特性和空间格局,对于提高工程品质、降低工程造价、缩短勘察设计周期、提高勘察设计质量以及软土工程科技支撑均起到至关重要的作用。

(5)基于研究区内构建地层结构的钻孔数量仍有不足,可以在一定程度上概括该区域的三维地质概况且适用于数值模拟试验,但还需要更多覆盖全区域的钻孔数据以更加全面、完整、精确地体现区内所有地层的真实情况。

(6)在本课题的研究过程中,选定研究区内毛细水上升高度,采样后进行室内外试验以获取区内毛细水上升高度时,由于研究区范围较广,仅能获取一定量的数据,未能覆盖研究区各个区域,无法获取更多的数据以支撑后续的研究工作,因此相关数据还有待进一步丰富。

（7）在数值模拟过程中,用以进行数值模拟验证过程的观测点数据不够丰富,因此需要进一步加强对覆盖全域的长时间地下水位等数据的监测,以更好地验证赣江北支和赣江中支对河间地块浸没时建立的数值模型。

（8）建议进一步加大鄱阳湖区软弱土层研究投入,加大科研力度,进一步总结鄱阳湖区软弱土层的工程经验,提高研究成果的普及率,通过不断使用和提炼制定适合鄱阳湖区软弱土层的物理力学参数标准,并在研究成果基础上,向规划、选址、勘察、设计、施工及管理等方面开展应用推广,挖掘鄱阳湖区软弱土层工程特性及空间格局的其他价值,以更好地服务业主并在工程标准化浪潮中占有一席之地。

参 考 文 献

［1］杨顺安,冯晓腊,张聪辰.软土理论与工程［M］.北京:地质出版社,2000.

［2］霍雨.鄱阳湖形态特征及其对流域水沙变化响应研究［D］.南京:南京大学,2011.

［3］陈炳贵,欧阳平,黄梅.3S 技术支持下鄱阳湖区地质构造调查分析［J］.地球物理学进展,2007,22(5):1666－1672.

［4］杨晓东,吴中海,张海军.鄱阳湖盆地的地质演化、新构造运动及其成因机制探讨［J］.地质力学学报,2016,22(3):667－684.

［5］郑军,阎长虹,夏文俊,等.江苏盱眙特殊软土的工程地质特性研究［J］.地质论评,2008,54(1):134－138.

［6］阎长虹,夏文俊,董平,等.长江中下游地区软土工程地质特征及其成因类型分析［J］.工程地质学报,2007,15(2):142－145.

［7］周建,邓以亮,曹洋,等.杭州饱和软土固结过程微观结构试验研究［J］.中南大学学报(自然科学版),2014,45(6):1998－2005.

［8］周晖,房营光,李勇.珠三角软土微观结构试验分析［J］.科学技术与工程,2009,9(18):5397－5414.

［9］曹洋,周建,严佳佳.考虑循环应力比和频率影响的动荷载下软土微观结构研究［J］.岩土力学,2014,35(3):735－743.

［10］MEHDI M,MOSTAFA M MOHSEN M. Analysis of strip footings on fiber-reinforced slopes with the aid of particle image velocimetry［J］.Journal of materials in civil engineering,2017,29(4):04016243.

［11］曾铖.软土微观结构特征及其随固结变化的试验分析［D］.广州:华南理工大学,2011.

［12］刘慧明.闽东南沿海软土物理力学性质研究［D］.福州:福州大学,2005.

[13]周晖.珠江三角洲软土分布特征及成因的地质与水文环境分析[J].广东土木与建筑,2014,21(7):36 – 38.

[14]孟庆山,汪稔,刘观仕.动力固结后饱和软土三轴剪切性状的试验研究[J].岩石力学与工程学报,2005,24(22):4025 – 4029.

[15]王煜霞,许波涛.软土固结系数确定方法的研究和应用[J].岩土工程技术,2010,24(5):217 – 220.

[16]ROHAYU C O,RASHID J. The characteristics and engineering properties of soft soil at Cyberjaya[C]. Geological Society of Malaysia Annual Geological Conference September 8 – 9 2000,Pulau Pinang,Malaysia.

[17]李西斌,谢康和,陈福全.考虑软土流变特性和应力历史的一维固结与渗透试验[J].水利学报,2013,44(1):18 – 25.

[18]庄迎春.软土非单调压缩固结试验与理论研究[D].杭州:浙江大学,2005.

[19]陈艺南,谈清,殷红岩,等.江苏连云港地区滨海相软土地质特性研究[J].江苏地质,2001,25(2):106 – 110.

[20]黄润秋.20 世纪以来中国的大型滑坡及其发生机制[J].岩石力学与工程学报,2007,26(3):433 – 454.

[21]RANDALL W J. The 2005 La Conchita landslide,California[J]. Landslide,2006,3(1):73 – 78.

[22]HUANG R Q,FAN X M. The landslide story[J]. Nature geoscience,2013,6(5):325 – 326.

[23]甘建军,樊俊辉,唐春,等.浙江遂昌苏村滑坡基本特征与成因机理分析[J].灾害学,2017,32(4):73 – 78.

[24]陈洪凯,唐红梅.散体滑坡室内启动模型试[J].山地学报,2002,20(1):112 – 115.

[25]CROSTA G B,FRATTINI P. Distributed modelling of shallow landslides triggered by intense rainfall[J]. Natural hazards and earth system sciences,2003,3(1/2):81 – 93.

[26]李迪,李亦明,张漫.堆积体滑坡滑带土启动变形分析[J].岩石力学与

工程学报,2006,25(增2):3879-3884.

[27]周中,傅鹤林,刘宝琛,等.土石混合体边坡人工降雨模拟试验研究[J].岩土力学,2007,28(7):1391-1396.

[28]高连通,晏鄂川,刘珂.考虑降雨条件下的堆积体滑坡多场特征研究[J].工程地质学报,2014,22(2):263-272.

[29]匡野.降雨诱发堆积体滑坡预警模型研究[D].成都:成都理工大学,2014.

[30]汪丁建,唐辉明,李长冬,等.强降雨作用下堆积层滑坡稳定性分析[J].岩土力学,2016,37(2):439-445.

[31]田海,孔令伟,李波.降雨条件下松散堆积体边坡稳定性离心模型试验研究[J].岩土力学,2015,36(11):3180-3186.

[32]JEONG S,LEE K,KIM J,et al. Analysis of rainfall-induced landslide on unsaturated soil slopes[J]. Sustainability,2017,9(7):1-20.

[33]廖军,董谦,钱小龙,等.基于 UDEC 的高位滑坡运动参数影响因素[J].科学技术与工程,2018,18(34):29-36.

[34]罗先启,毕金锋.地质力学模型试验理论与应用[M].上海:上海交通大学出版社,2016.

[35]ZAMAN M,GIODA G,BOOKER J R. Modeling in geomechanics[M]. New York:Wiley&Sons,2000.

[36]YANG B Q,LIN Z,LIU E L,et al. Deformation monitoring of geomechanical model test and its application in overall stability analysis of a high arch dam[J]. Journal of sensors,2015(5):1-12.

[37]邬凯,林顺,杨雪莲.典型山区高速公路边坡远程监测系统应用及预测预警分析[J].科学技术与工程,2018,18(30):16-21.

[38]王雪冰,张春山,孟华君,等.强降雨条件下浅层滑坡稳定性分析与模型改进[J].科学技术与工程,2017,17(31):139-146.

[39]KARLSRUD K,HERNANDEZ-MARTINEZ F G. Strength and deformation properties of Norwegian clays from laboratory tests on high-quality block samples[J]. Canadian geotechnical journal. 2013,50(12):1273-1293.

［40］李雪刚,徐日庆,王兴陈,等. 杭州地区海、湖相软土的工程特性评价
［J］. 浙江大学学报(工学版),2013,47(8):1346 – 1360.

［41］DUTTA S,MANDAL J N. Model studies on geocell-reinforced flay ash bed overlying soft clay［J］. Journal of materials in civil engineering, 2016, 28 (2): 04014091(13).

［42］WANG J F,LI Y L,GAO Y B. Experimental study on structural properties influencing on shear strength of soft clay［J］. Advances in civil engineering and architecture,part 3,2011,243:2487 – 2490.

［43］MA H L,ZHOU M,HU Y X,et al. Interpretation of layer boundaries and shear strengths for soft-stiff-soft clays using CPT data:LDFE analyses［J］. Journal of geotechnical and geoenvironmental engineering,2016,142(1):1 – 12.

［44］RATANANIKON W, YIMSIRI S, LIKITLERSUANG S. Underdrained shear strength of very soft to medium stiff bangkok clay from various laboratory tests ［J］. Geotechnical engineering journal of the SEAGS & AGSSEA,2015,46(1):64 – 75.

［45］YIN Z Y,YIN J H,HUANG H W. Rate-dependent and long-term yield stress and strength of soft Wenzhou marine clay:experiments and modeling［J］. Marine georesources & geotechnology,2015,33(1):79 – 91.

［46］SEAH T H,SANGTIAN N,CHAN I C. Vane shear behavior of soft Bangkok clay［J］. Geotechnical testing journal,2004,27(1):57 – 66.

［47］SEAH T H,LAI K C. Strength and deformation behavior of soft Bangkok clay［J］. Geotechnical testing journal,2003,26(4):421 – 431.

［48］时雨,周龙,刘小文,等. 基于 GDS 的非饱和红土强度三轴试验研究 ［J］. 南昌大学学报(工科版),2015,37(4):361 – 365.

［49］叶为民,陈宝,卞祚庥,等. 上海软土的非饱和三轴强度［J］. 岩土工程学报,2006,28(3):317 – 321.

［51］周文渊,闪黎,宋新江,等. 等加载速率下软土固结特性试验研究［J］. 南水北调与水利科技,2015,13(4):695 – 698.

［52］CAICEDO B,MENDOZA C,LOPEZ F,et al. Behavior of diatomaceous soil in lacustrine deposits of Bogota, Colombia[J]. Journal of rock mechanics and geotechnical engineering,2018,10(2):367 − 379.

[53]沈珠江. 软土工程特性和软土地基设计[J]. 岩土工程学报,1998,20(1):100 − 111.

[54]WANG Y K,GUO L,GAO Y F,et al. Anisotropic drained deformation behavior and shear strength of natural sot marine clay[J]. Marine georesources & geotechnology,2016,23(15):493 − 502.

[55]陈超斌,武朝军,叶冠林,等. 小应变三轴试验方法及其在上海软土的初步应用[J]. 岩土工程学报,2015,37(S2):37 − 40.

[56]陈能远,孟庆山. 水位波动作用下软土的变形强度特性研究[J]. 南水北调与水利科技,2018,16(5):165 − 170.

[57]谢媛. 平原型水库浸没治理措施研究[D]. 沈阳:沈阳农业大学,2019.

[58]鲍立新,乔春学. 朝阳市阎王鼻子水库浸没问题的分析与评价[J]. 水利建设与管理,2001,21(B12):74 − 76.

[59]鲍立新,佟胤铮. 阎王鼻子水库浸没问题的分析与评价[J]. 东北水利水电,2002,20(03):37 − 39,56.

[60]冀建疆. 官厅水库的浸没评价和范围预测[J]. 水利水电技术,2005,36(02):18 − 21.

[61]王廷学,李英海,屈志勇,等. 官厅水库浸没问题的研究与治理[J]. 水利水电工程设计,2007,26(03):47 − 49.

[62]郑海益,魏植生,马显光,等. 橄榄坝水电站水库浸没问题分析评价[J]. 工程地质学报,2007(15):230 − 234.

[63]戴长雷,李治军,高淑琴. 大顶子山航电枢纽蓄水后上游临江地区地下水浸没影响态势初步分析[J]. 黑龙江大学工程学报,2010,1(04):45 − 50.

[64]SUN S M,DAI C L,LIU C L,et al. Prediction of groundwater inundation based on GMS:with example of inundation-affected areas in upstream of Dadingzishan Reservoir[J]. Advanced materials research,2012,550 − 553:2580 − 2587.

[65]李恩宏,冷特,潘俊. 辽河石佛寺水库蓄水引发浸没影响评价研究[J]. 安徽农业科学,2013,41(05):2208 − 2210.

［66］王帅帅.石佛寺水库祝家堡及陈平堡副坝下游浸没分析［D］.沈阳:沈阳农业大学,2016.

［67］高明.石佛寺水库陈平堡副坝段浸没程度分析与评价［D］.沈阳:沈阳农业大学,2017.

［68］闫滨,高明,郭成久,等.基于数值模拟的石佛寺水库陈平堡段浸没预测［J］.人民黄河,2017,39(02):128 - 132.

［69］楚灿轩.新疆西部某水电站工程水库浸没问题及评价［J］.西部探矿工程,2017,29(04):9 - 11.